STUDIES ON VOLTAIRE
AND THE
EIGHTEENTH CENTURY

184

JEROME LALANDE

JOURNAL D'UN VOYAGE EN ANGLETERRE 1763

publié avec une introduction par

HELENE MONOD-CASSIDY

THE VOLTAIRE FOUNDATION
AT THE
TAYLOR INSTITUTION, OXFORD
1980

ISSN 0435-2866
ISBN 0 7294 0273 1

Printed in England by Cheney & Sons Ltd,
Banbury, Oxfordshire

Table des matières

Préface

Il y a déjà plusieurs années qu'au cours d'un séminaire sur les voyages au dix-huitième siècle, deux de mes étudiants s'intéressèrent sous ma direction au *Voyage en Angleterre* de Jérôme Lalande.

Dr Murphy et dr Riley déchiffrèrent en partie le manuscrit et préparèrent des notes. L'édition que nous offrons aujourd'hui a été revue, corrigée et amplifiée par moi, mais je voudrais ici remercier une fois encore mes jeunes collègues de leurs travaux préliminaires.

Nous avons respecté l'orthographe de Lalande et sa ponctuation, sauf en de rares cas. Si nous n'avons pas pu identifier un personnage mentionné, nous omettons la mention 'inconnu' dans nos notes. Quand plusieurs noms se trouvent groupés ensemble, nous n'avons donné qu'un numéro de référence pour alléger les notes. On trouvera des indications supplémentaires dans l'index.

Lalande a ajouté plusieurs fois des détails complémentaires à la fin de son carnet avec un renvoi. Nous avons intégré ces notes dans leur ordre chronologique.

Le manuscrit est transcrit intégralement sauf pour quelques tables de conversion (nous en donnons une), de poids, de monnaies et de mesures qui se répètent et semblent oiseuses.

L'introduction qui fait suite est un résumé d'un article que j'ai publié en 1967 dans les *Studies on Voltaire and the eighteenth century*, lvi.907-30.

Je remercie la Bibliothèque Mazarine de m'avoir permis de photocopier le manuscrit, et la *Philosophical Society of Philadelphia* qui m'a donné une bourse d'été grâce à laquelle j'ai pu comparer le manuscrit avec la photocopie.

H.M.C.

Introduction

Jérôme Le François Lalande naquit à Bourg-en-Bresse en 1732. Il fut élevé par les jésuites chez qui il fut un élève brillant et précoce. Lors du passage de la comète de 1744, le jeune garçon découvre l'astronomie; l'éclipse du soleil de 1748, qu'il observe au collège de Lyon avec son professeur de mathématiques, 'l'une des plus remarquables du siècle', détermina de sa vocation.[1] A Paris, où il faisait son droit, il logea chez le célèbre astronome Joseph Delisle et se mit à travailler avec lui.

Les capacités extraordinaires du jeune homme jointes à une puissance de travail peu commune attirèrent sur lui l'attention de Lemonnier.[2] Lorsqu'en 1750, ce savant renonça au projet qu'il avait formé d'aller observer le parallaxe de la lune à Berlin (car cet observatoire se trouvait sur le même méridien que celui du Cap où l'abbé de La Caille se préparait à faire une série d'observations) il choisit Lalande pour le remplacer. L'arrivée de ce petit jeune homme de 19 ans, muni des instruments que l'observatoire de Paris prêtait à celui de Berlin, étonna à bon droit Frédéric II et Maupertuis, directeur de l'Académie. On lui accorda, cependant, le respect dû à l'envoyé du roi de France et on reconnut vite les capacités du jeune astronome. Il devint membre de l'Académie de Berlin – mieux, il fit partie du cercle brillant de savants et de penseurs libertins que Frédéric II avait su attirer à sa cour.

C'est avec le géomètre Euler qu'il passait ses matinées, mais si les nuits étaient réservées aux observations astronomiques, les soirées s'écoulaient en conversations et discussions: Maupertuis, Argens, La Mettrie, Voltaire, Algarotti, Frédéric II, tels furent les maîtres de philosophie de Lalande. Pendant ses rares moments de loisir, il faisait danser, maladroitement, les dames de la cour. 'Ce fut', nous dit Lalande, 'l'année la plus délicieuse de ma vie.'[3] Ses convictions religieuses ne résistèrent pas à ces délices. Il devait écrire beaucoup plus tard: 'Le

[1] M. Delambre, *Histoire de l'astronomie au dix-huitième siècle* (Paris 1827), p.584.

[2] 'Lemonnier', dit Delambre (p.179) 'a toujours été un peu en *arrière* de son siècle.' Il était de l'école de Greenwich et connaissait les astronomes et horlogers anglais.

[3] Delambre, 'Eloge historique de Lalande', *Mémoires de l'Institut royal des sciences* (Paris 1807), p.5.

spectacle du ciel paraît à tout le monde une preuve de l'existence de Dieu. Je le croyais à 19 ans: aujourd'hui je n'y vois que de la matière et du mouvement.'[4]

Dans le Paris de 1753 à son retour d'Allemagne, Lalande fait figure de brillant jeune philosophe. Il est élu à l'Académie des sciences. Il rectifie sans urbanité les erreurs de son maître Lemonnier et nous raconte que celui-ci lui en a gardé rancune 'pendant une révolution entiére des nœuds de la lune',[5] c'est-à-dire dix-huit ans. Lalande se disputait volontiers et avec entrain: son esprit mathématique et cassant, amoureux de précision, ne lui permettait pas d'ignorer la moindre inexactitude.

Il était assez austère dans ses goûts, mais aimait cependant la société. Il nous dit: 'Je dédaigne les plaisirs du monde, je ne puis souffrir le jeu, les fêtes, les repas. Je ne vais point au spectacle: l'étude de la société des gens d'esprit, surtout des femmes instruites, sont mes seules récréations. Telles ont été successivement pour moi les sociétés de Mesdames Geoffrin, du Bocage, du Défant, de Bourdie, de Beauharnais, de Salm, etc.'[6] A cette liste de salons célèbres, ajoutons qu'il fréquenta ceux de madame de Condorcet, de madame Necker et de madame de Staël. On le rencontrait également chez Helvétius et d'Holbach. Il suivait de près les travaux de Buffon, Daubenton, Duhamel Du Monceau. Il connaissait Diderot personnellement, mais je suis mal renseignée sur leurs relations. Dans ses *Mémoires* il énumère 'les hommes célèbres qui ont eu de l'amitié pour moi': 'Montesquieu et Fontenelle, Jean-Jacques Rousseau, Dalembert, Clairaut, Maupertuis, La Condamine, Voltaire, Réaumur, Euler, Barthélémi, Raynal, Macquer'.[7]

Il était inévitable que Lalande s'intéressât aux travaux de l'*Encyclopédie*. Il ne semble pas y avoir contribué. Par contre, il écrivit huit des petits volumes qui composent la *Description des arts et métiers*. Il se spécialisa dans les arts ayant trait à la fabrication du papier et au traitement du cuir. Ce sont d'excellents manuels de science appliquée, bien conçus et faciles à lire. Dans les préfaces, l'auteur ne perd pas l'occasion d'exprimer ses convictions philosophiques qui sont souvent intéressantes. En 1762 par exemple, il écrivait:

[4] deuxième supplément pour le *Dictionnaire des athées*, éd. J. Lalande (Paris 1805), p.26.

[5] Delambre, *Histoire de l'astronomie*, p.550.

[6] comtesse C. de S[alm], 'Eloge historique de m. de Lalande', *Magazin encyclopédique* (1810), p.320.

[7] Salm, 'Eloge historique', p.322.

Je demande lequel est plus préférable pour un Etat, ou de partager avec tous les savants les faibles lumières que l'habitude de nos ouvriers nous ont acquises, pour les perfectionner ensuite, ou de rester éternellement dans l'état de médiocrité et de routine dont ils ne peuvent nous tirer? Les arts tiennent tous aux sciences, attendent tout de celles-ci, et ne peuvent faire sans elles que des pas lents et chancelants.[8]

Et sa conclusion est celle d'un citoyen du monde: 'Laissons donc profiter nos ennemis mêmes des soins que nous aurons pris pour enrichir notre Nation plutôt que d'en perdre les avantages par une mauvaise réticence' (p.ii).

Les découvertes de l'astronomie intéressaient surtout les navigateurs, et nous voyons Lalande consacrer des années d'étude et plusieurs ouvrages aux problèmes de la navigation. Comme toujours, il s'enthousiasme et dépasse les limites logiques de son problème. Il visite tous les ports de France pour en étudier l'aménagement. Il discute les méthodes de construction des bateaux, comment on y peut installer des instruments scientifiques de façon stable, la nature de ces instruments. Il publie un *Mémoire sur le flux et le reflux*, un traité sur les *Canaux de navigation*. De là, il passe aux routes, leur construction, aux méthodes de transport (par voie d'eau et de terre) de passagers et de marchandises, aux prix variables de ces dernières. Il est peu d'éléments de la vie journalière auxquels il ne se soit arrêté.

Lalande semble s'être aussi intéressé aux petits côtés des sciences. A Londres, il récolte des graines pour Duhamel. Il rend visite à Rousseau lorsque celui-ci est à Montmorency et plus tard il est une des rares personnes admises chez 'M. Renou', dont il admire les herbiers.[9]

Enfin Lalande voyagea. On le retrouve en Allemagne, en Suisse, en Hollande, en Italie, et deux fois en Angleterre (en 1763 et 1788). Au cours de ses voyages, Lalande tenait un journal dans lequel il notait ses impressions et observations avec l'intention probable de tirer de ces notes un ou plusieurs volumes. Le seul voyage publié par lui est le *Voyage d'Italie* en huit volumes avec un atlas. C'est un compendium un peu lourd de tout ce qui se peut trouver en Italie: œuvres d'art et monuments architecturaux; visites à différentes académies; énumération des produits du pays; discussion des distances, de l'état des routes, du prix des marchandises; bref un guide consciencieux composé d'après

[8] *L'Art de faire le papier*, p.i.

[9] Rousseau, *Correspondance générale*, ed. Th. Dufour (Paris 1923-1933), xix.159; voir aussi *Correspondance complète*, éd. R. A. Leigh (Geneva, Banbury, Oxford 1965-), no. 755.

d'autres manuels du même genre et dans lequel on ne trouve que peu d'opinions personnelles.

Le voyage en Angleterre (publié partiellement et en traduction par le professeur Frederick Green dans *The History teacher's miscellany* (1926) et que nous donnons in-extenso ci-dessous jette une lumière intéressante sur les relations franco-anglaises à cette date. Le but ostensible de ce voyage était d'examiner et de rapporter en France si possible un modèle du chronomètre marin comportant un pendule à compensation inventé par John Harrison quelques années auparavant.

Il est certain qu'en entreprenant ce déplacement Lalande savait que son rôle ne se limiterait pas à celui d'acheteur d'instruments scientifiques. Sa renommée l'avait précédé à Londres, et nous le voyons être accueilli par le monde savant de la capitale anglaise. Il avait avec lui 'plus de 40 lettres à remettre': lettres d'introduction aux membres de la colonie française et aux hommes de science anglais.

La date de son séjour était bien choisie (mai-juin 1763): la guerre de sept ans prenait fin et les préliminaires du traité de Paris amenèrent à Londres tout un groupe de jeunes nobles à la suite du duc de Nivernais, envoyé officiel du roi. L'Angleterre longtemps fermée à la curiosité des Parisiens était à la mode, et les Anglais accueillaient avec transports leurs nombreux visiteurs.

Il voit, bien entendu, les artisans, horlogers et orfèvres, qui forment un groupe assez peu distinct du groupe des savants. Certains d'entre eux avaient été élus membres de la Royal Society, et Lalande trouve là un exemple de la démocratie des sciences – sciences abstraites et sciences appliquées – dont il rêvait pour la France. Il est reçu lui-même Fellow of the Royal Society.

On peut admirer à quel point les échanges d'informations scientifiques étaient aisés et universels. Chacun semble désireux à la fois d'approfondir ses connaissances et de corriger les erreurs du voisin. Lalande est heureux dans cette atmosphère plus libre parfois que celle qui règne à Paris. Sa curiosité si riche et si variée trouve à se satisfaire. Peut-être en tenant son journal a-t-il pensé aux *Lettres philosophiques* ou même aux *Lettres d'un Français* de l'abbé Le Blanc (il le réfute) et a-t-il cherché à accumuler des renseignements précis sur divers aspects de la vie anglaise pour en écrire à loisir plus tard. Il mentionne les différentes sectes religieuses anglaises, parle des Quakers, des Juifs, des moraves (avec l'abbé Couroyer), de la persécution des catholiques en Irlande.

Son intérêt constant dans tout ce qui a à faire avec la marine, il serait plus exact de dire avec l'eau, l'entraîne à nous donner maints détails quant à la vie quotidienne de Londres. Il dîne avec l'amiral Knowle et le questionne à propos de ses recherches 'sur la figure des vaisseaux et l'arimage'. Il va voir et décrit en détail la 'machine du port de Londres', qui alimentait en eau la plus grande partie de la ville. Il mentionne les crues de la Tamise et visite le système des écluses établi sur cette rivière. Il voit le chantier naval de m. Randall à Greenland dock et note des détails techniques: le journal est une mine de petits détails qui se recoupent et se complètent. On sent l'académicien, l'auteur des articles sur les arts et métiers: il étudie les pompes à feu et le fonctionnement des assurances-incendies, il visite l'atelier de la monnaie, une fabrique de papier, une de vinaigre, note une recette pour polir le verre, discute le commerce du blé, la construction des châteaux d'eau, l'éclairage des rues (pour en parler à m. Deparcieux).[10]

Lalande fut aussi le touriste traditionnel. Il explore le Londres historique et pittoresque avec conscience. Il décrit en détail les salles de la Tour de Londres; il nous indique les bons restaurants et les mets qui lui ont plu. Grâce à lui, nous entrevoyons une ville active, vivante, commerçante, un monde bourgeois et cultivé qui va au théâtre, se promène dans des jardins soigneusement aménagés et entretenus, monte en barque pour accueillir les ambassadeurs vénitiens, ou admirer quelque château nouvellement bâti, fait partie des foules qui accueillent le roi ou conspuent les ministres. On sent souvent une comparaison implicite avec Paris, mais les notes restent brèves.

Deux fois au cours de son séjour, Lalande goûta le plaisir très vif d'accueillir à Londres un ami français et de lui montrer ses découvertes. D'abord Charles Duclos de l'Académie française; puis le 12 mai, monsieur de La Condamine, un collègue, un ami, arrive à Londres. Il ne sait pas l'anglais. Depuis qu'il est revenu de son voyage scientifique du Pérou, il est sourd et a de la peine à marcher. Lalande se fait un plaisir de lui montrer la ville. Walpole nous dit à son propos: 'La Condamine [...] qui se donne pour philosophe. He walks about the streets with his trumpet and a map, his spectacles on, and hat under his arm.' Les deux petits Français – Lalande n'avait que 4 pieds et demi, pesait 106 livres et avait une mauvaise vue – devaient former un couple étrange dans les rues de Londres. Lalande présente son collègue à ses amis

[10] Antoine Deparcieux; voir note 146.

anglais: ils vont chez milord Morton et à la Royal Society. Dr Pringle suggère un remède contre la surdité de La Condamine dont Lalande conserve la recette. Il quitte Londres le 10 juin et arrive à Paris le 16 juin et note que son voyage lui a coûté en tout 1177 livres.

Le voyage en Angleterre de 1763 ne fut qu'une brève aventure dans la longue vie de Lalande (il devait mourir en 1807): ses recherches et découvertes scientifiques continuent à être annoncées, à paraître, à être accueillies plus ou moins bien par ses collègues et rivaux. Mais ce qui nous intéresse en lui ce ne sont pas ses prédictions sur un passage de Vénus ou sur la disparition de l'anneau de Saturne, mais les manifestations de 'l'audace philosophique' qui pétillait dans ses yeux.[11]

En 1784, 'une innovation sublime vint honorer le siècle de Louis XVI', pour parler comme Restif de La Bretonne.[12] C'était celle des machines volantes que les frères Montgolfier, après quelques expériences en province, apportèrent à Paris et à Versailles. Le tout-Paris s'enthousiasma pour les machines volantes; 'quel observatoire pour Hershel, Cassini ou Lalande!' Lalande s'intéresse d'abord à la fabrication des ballons parce que ceux-ci étaient faits de papier huilé (les frères Montgolfier avaient une fabrique de papier) et posa certaines questions pratiques et techniques. Il critiqua ensuite ses collègues Pilâtre de Rozier et Blanchard au sujet des résultats qu'ils croyaient avoir obtenus. Blanchard le défia de monter en ballon – et nous voyons avec étonnement que le petit vieillard est tenté malgré lui. Il s'enchante à l'idée de se rapprocher de ces étoiles qu'il a tant observées. Il pense qu'il saura diriger un ballon en profitant des différents courants d'air. Le 25 juillet 1799, il s'élève à son tour dans les airs:

> J'espérais que mon voyage aérien [...] m'apprendrait quelque chose sur la scintillation des étoiles, sur la blancheur de la voix lactée, sur la noirceur et la composition de l'air; je fus trompé par celui à qui j'avais donné ma confiance, et pour qui j'avais bravé l'opinion publique. Je ne pus aller assez haut.[13]

Lalande eut une fin digne de ses convictions. Se sentant mourir, il se fit lire les journaux, puis renvoya son neveu et sa femme avec ces mots: 'Je n'ai plus besoin de rien.'[14] Il mourut seul un peu plus tard. Quelques mois auparavant, il avait écrit dans ses mémoires cette appréciation sur lui-même qui résume bien son caractère:

[11] Salm, 'Eloge historique', p.317.
[12] *Les Nuits de Paris*, éd. Marc Chadourne (Paris 1960), p.178.
[13] Lalande, *Bibliographie astronomique* (Paris 1803), p.537.
[14] Delambre, *Histoire de l'astronomie*, p.268; Salm, 'Eloge historique', p.314.

Non seulement je suis content de ma constitution physique; mais je le suis même, au moral, de ma philosophie, de mon plaisir à être utile, de ma sensibilité, de mon indifférence pour les plaisirs et les biens, de mon courage à fronder les vices, quoiqu'il m'ait fait des ennemis: je jouis donc de tout le bonheur qu'il soit possible à l'humanité d'éprouver et de sentir; je me trouve l'homme le plus heureux de la terre, et je dis, comme Bayard: je sens mon ame fuir contente d'elle-même.[15]

[15] Salm, 'Eloge historique', pp.324-25.

Voyage d'Angleterre[1]

Parti de Paris à huit heures trois quarts le vendredi 4 mars 1763. [Passé à] St. Denis, St. Brice, Poncel[le]; dîner à Moissel[les] à deux heures.

J'ai payé vingt-cinq livres pour la place et huit livres pour soixante-quatre [paquets?] de balles jusqu'à Bo[u]logne et j'ai donné à Calais six livres dix sols de plus. Arrivé à Beaumont à cinq heures et demie en passant par Nointel.

le 5 mars

Partis à six heures, passé à Chambly, Piseaux [Puiseux], la Mardovilai [Mare-d'Ovillers], Ste. Geneviève, Noailles; arrivé à Blainville à dix heures trois quarts. Parti à trois heures; arrivé à cinq heures à Beauvais.

J'ai été voir la manufacture de tapisserie[2] dont M. Charron, fermier général, est entrepreneur, M. Trudaine intendant; M. Dumont, le parisien directeur; et M. des Haies le peintre après M. Boucher.[3] Il y a un contremaître qui paye toutes les semaines. Il y a quarante ouvriers environ. Il faut dix-huit mois pour avoir une tenture. Une pièce de trois aunes de hauteur sur deux et demie de long vaut six cents livres.

Il y a un tableau de M. Bardon,[4] Jason qui combat les taureaux des Hespérides qui n'a pas été fini. On tire les matières des Gobelins.

[1] le manuscrit du *Voyage en Angleterre* se trouve à la bibliothèque Mazarine sous la cote 4345. Le professeur F. C. Green en a donné des extraits en traduction dans 'The journal of Lalande's visit to England', *The History teacher's miscellany* (1926), iv.113-18, 140-44. Le texte publié par m. Green s'arrête à la fin d'avril 1763. Il omet les détails scientifiques et fait des erreurs de traduction et d'identification. Nous en mentionnons au cours de nos notes.

[2] on trouvait à Lille des ateliers secondaires de tapisseries dirigés par Jean de Melter à qui succéda son beau-fils Guillaume Warniers. Sa veuve dirigea les ateliers jusqu'en 1778.

[3] Des Haies: Jean-Baptiste Deshays, dit le Romain (1729-1765); élève de Boucher; Grand Prix de l'Académie des peintres; membre de l'Académie. François Boucher (1703-1770); peintre et graveur français; il reçut en 1723 le Grand Prix de peinture.

[4] Bardon: Jean Bardin (1732-1809)?; peintre, élève de La Frenée; deuxième prix de Rome; maître de Regnault et de David.

En sortant de Blainville, j'ai vû la trente et unième pierre milliaire. J'ai été à la trente-deuxième en vingt-cinq minutes. Il y en a trois autres entre-deux.

J'ai été voir M. Borel, lieutenant général, rue du Prévôt à Beauvais; [voir] la cathédrale qui a huit cents ans d'ancienneté, l'hôtel de ville qui est tout neuf, sur la grande place, la promenade du rempart.

le 6.

Parti à cinq heures et demie; arrivé à Oudeuil à neuf heures trois quarts – trois heures du plus mauvais chemin, mauvaise petite auberge, mauvais pain.

Poye [Poix] est à six lieues d'Oudeuil. Parti d'Oudeuil à midi. A une heure, [Haute-Epine] long village tout étroit, couvert de chaume à trois heures, [le Hamel] où l'on montre les chaines de M. de Crêqui[5] qui, étant pris par les Sarrasins et s'étant voüé à N. D. d'Hamel, fut transporté miraculeusement dans ses terres. Les femmes portent des jupons sur leur tête.

A six heures trois quarts [Poix], terre de M. de Noailles,[6] gros bourg. A six lieues d'Amiens. Le mauvais chemin a duré depuis Beauvais et durera encore demain jusqu'à la dinée, [jusqu'à] Airene [Airaines].

le lundi 7 mars.

Il a gelé les trois nuits dernières.

Nous sommes partis de Poye à cinq heures et quart; Faÿ les Tuloi, sept heures et demie; Lincheu[x], huit heures et quart. Calaminoi [Camps-l'Amiénois?] neuf heures; [Airaines], onze heures et demie. Il nous reste quatre grandes lieues pour aller à Abbeville.

Abbeville [à] vingt-six lieues de Calais, dix li.[eues] de Mont-reuil. dix li.[eues] d'Amiens, treize li.[eues] de Dieppe, quatre li.[eues] de St. Valery.

Il y a treize paroisses, cinq quarts de lieues de tour.

J'ai été voir la manufacture de Vanrobes [Van Robais] bâtiment superbe, où travaillent mille cinq cents ouvriers. J'ai vû la presse qui donne le lustre aux draps, ceux qui le peignent, etc. Je suis revenu par le rampart le long de la chaussée Doguet.

[5] Sires de Crêquy. Gérald de Crêquy prit part à la première Croisade (1096); ballade dite du Sire de Crêquy: thème du chevalier croisé qui, libéré d'une longue captivité, revient à son château au moment où sa femme va se remarier.

[6] Adrien-Maurice, duc de Noailles (1678-1766); porta d'abord le titre de comte d'Ayen; 1734, maréchal de France.

La marée a remonté lundi passé, 28 février, à midi, le long de la Somme, plus qu'on ne l'avait vu depuis seize ans. Quelquefois il vient subitement des barres qui ont trois pieds de haut comme des murailles et qui renversent les bateaux. On a la marée jusqu'au pont d'Ormi.

J'ai vû une fontaine à deux lieues d'Abbeville qu'on dit minérale, le *palais* royal où il y a une promenade, le mail, la place St. Georges, la rue St. Gille[s], garnie de très belles maisons.

Il y a cinq portes: St. Gilles, la portelette, la porte Marcadet, la porte Dubois, la porte Doguet. Le Pâti[s][7] est près de la portelette.

On fait à St. Valery le commerce d'épicerie avec la Hollande, avec les Isles. La manufacture tire ses laines de Flandres et d'Espagne.

A Abbeville l'auberge de l'Ecu de Brabant est celle du bureau, mais la Tête de Bœuf est plus fréquentée par les étrangers, elles sont toutes deux dans la rue St. Gilles. On nous a fait payer quarante sols pour un très petit souper.

Parti d'Abbeville le mardi 8 mars à cinq heures matin; Bigai, St Meulon, Ouvilé, Outite, Rouvion, huit heures trois quarts Foremoutier, Bernay, dix heures trois quarts. A diner nous avons vû sur notre gauche St. Valery et les sables de la grève. Partis de Bernai à une heure; coucher à Montreuil où nous arrivons à six heures et demie. J'ai été voir la citadelle, les ramparts. La ville est assez bien fortifié[e].

le 9.

Partis de Montreuil à six heures; arrivé à *Samé* [Samer] à onze heures et quart, gros village assez bien bâti. Il y a une grande a[b]baye dont l'abbé est Seigneur du lieu, c'est à trois lieues de Boulogne. La terre de Tingri, achetée par le duc d'Ayen[8] est près de là.

Partis de Samé à une heure; passé à cinq heures à Pont-de-Brique; arrivés à cinq heures trois quarts à Boulogne, capitale de Boulenois. [Boulonnais].

La ville basse est longue et bien batie, habitée par les commerçants. Il entre dans le port des vaisseaux de deux cent cinquante tonneaux et des frégates de trente canons. Il y en a une sur le chantier, de vingt ou vingt-deux, qui appartient à M. Rennes, charpentier. Le grand commerce de Boulogne est du thé de l'orient, et des eaux de vies de La

[7] une promenade agréable le long de la Somme.

[8] Ayen: Louis duc de Noailles (1713-1793); devint maréchal de France en 1766; comte, puis duc, d'Ayen. L'usage fut établi en 1737 d'attribuer le titre de duc d'Ayen au fils ainé du duc de Noailles.

Rochelle avec les contrebandiers d'Angleterre, et l'entrepôt des vins des marchands d'Angleterre qui trouvent excellentes les caves de Boulogne. Elles sont très profondes et se louent très cher.

On loge à la Table Royale mais j'ai couché chez Mesdemoiselles Dezoteux où j'ai soupé avec M. le vicomte de la Villeneuve. J'ai vu M. Destrés, notaire et M. . . . .procureur.

Il y a deux jettées à l'entrée du port qui étaient hérissées de canons. J'ai vu monter la mer, mais c'était la *morte eau.* Ce ne sera que lundi la grande marée.

Le roi est venu rendre l'hommage qu'il doit à la Sainte Vierge pour le comté de Boulogne, que Louis XI transfera du comte d'Artois à Notre-Dame de Boulogne. Cette bonne vierge a été prise plusieurs fois, elle est noire, d'argent, elle a été dans le feu; elle a été miraculeuse.[9]

Il y avait un orgue d'argent qui est à Cantorberi [Canterbury]. M. Desmarres, médecin, a travaillé sur les bêtes à laine.

10

Partis de Boulogne à sept heures. Arrivé à neuf heures à Huit mil [Wimille]. Dix heures à *Marquise,* Saint Anglevert [Inglevert] à une lieue et demi de Marquise, et la Chaussée a une lieue et demi de Calais.

Il y a aux environs de Boulogne huit mille neuf cent neufville [sic] Sept lieues de Boulogne à Calais.

Le jeune homme qui nous joignit à S. Denis avait fait prix à 22 livres avec le cocher pour venir jusqu'à Calais, mais il en a donné 15 et a quitté à Boulogne.

Nous avons trouvé à passer pour 8 livres de Boulogne à Douvres.

On m'a donné à Marquise des demi-guinées et des guinées de Guillaume III, de la reine Anne, de Georges, etc.

Parti à midi de Marquise arrivé à cinq heures à Calais. Nous avons vû en passant le fort Violet. J'ai vû la jettée de l'est et celle de l'ouest où est le fort Rouge. Le fort Richeban [Risbanc] est derrière; à l'est est le fort Verd. Il y a aussi le fort Lapin qui manquait de poudre dans cette guerre. J'ai vu M. Blondeau,[10] hydrographe du roy, qui n'a que 600 livres. Il m'a assuré que l'établissement du port est de onze heures trois

[9] la Vierge d'Artois, Notre-Dame de Boulogne; image faite de bois en relief d'environ trois pieds et demi de hauteur, tenant l'enfant Jésus sur son bras gauche. L'image miraculeuse de la vierge, qui date du IXe siècle, fut transportée en Angleterre en 1544. Elle fut ramenée en triomphe en 1550.

[10] Claude François Blondeau de Charnage (1710-1776).

quarts à Calais. Il a vû M. Genousse, constructeur, qu'on avait envoyé pour frégater une gabarre du roy et qui habite ordinairement au Havre. Le port est quelquefois à sec dans certains endroits. Il n'y peut entrer que des vaisseaux de deux cent cinquante tonneaux.

L'on a fait quelques armements, une vingtaine pendant cette guerre. Le plus fort était de quatorze canons. Ils ont réussi dans le commencement, mais sur la fin ils étaient tous pris. On voulait transferer la place de M. Blondeau à Dunkerque, mais tout y est plus cher. Il a éludé l'ordre. Il y a trente mille hommes à Dunkerque et cinq mille à Calais. Il y a huit bateaux plats dans le bassin. Ils n'ont qu'un mât et un beaupré avec un mât de hune, qui, dans quelquesuns, sont d'une seule pièce. Ils devaient porter du bois de construction à Dunkerque, mais les Anglais bloquaient le port.

Il y a une lanterne au bout de la jettée de l'est pour les vaisseaux qui doivent arriver de nuit. Il y a aussi des pilotes lamaneurs qui vont au devant quand ils voient des vaisseaux ranger[?] les côtes. Ils ont un écu par pied de tirant d'eau. On paye aussi cinq livres par tonneau pour l'amiral.

Deux ou trois capitaines anglais nous sont venus au devant pour nous offrir de nous passer. Leur fret est de cinq à six louïs.

M. Blondeau demeure rue d'Orléans dans la maison de M. Gameri. Je loge à la Table royale à Calais.

Le Blancné, montagne célèbre à deux lieues de Calais où la cour entretient un guetteur en temps de guerre. On voit jusqu'à la Tamise.

Le canal de Calais va à Saint Omer. A Dunkerque il y a des écluses et une messagerie qui va par eau à Saint Omer le mardi.

La tour de Caligula au milieu du fort Risban[c] qui deffend l'entrée du port.

Couleuvrine de Nancy.

Le port s'appelle le cimetière des Hollandais. Il est très dangereux surtout dans les vents de sud-ouest.

Le 14 mars

J'ai fait dresser à Calais une procuration pour M. Danin, et M. Blondeau s'est chargé de la lui envoyer – trois livres, dix sols.

M. Cassieri, directeur de la poste, m'a donné une lettre pour M. Minet à Douvres. Je n'ai pas eu le temps d'aller voir M. *Carpentier*, procureur du roy à l'amirauté, pour qui MM. Guérin[11] et la Tour

[11] Carpentier, (?) (1739-?); expert-estimateur; économiste; procureur du roi à l'amirauté; inspecteur des fonds de terre.

m'avaient donné une lettre. Il m'en a coûté pour deux soupers et coucher six [livres]. M. Cassieri est en relation avec M. Genet. Il m'a donné dix-huit guinées pour autant de louis.

L'ingénieur m'a donné un sachet de saffran pour préserver du vomissement. Il m'a fait voir le plan de Calais. J'ai été chercher des passeports chés le commiss[aire] aux classes, et chés le major à qui il est dû 13 sols.

Mémoire sur l'histoire de Calais, académie des inscriptions T.43 par M. de Brequigny.

Clos de murs en 1227.

Prise par les Anglais en 1347 et cédée en 1363.

Le vendredi 11

Parti à sept heures de Calais pour Dunkerque, passé à Oualdan, et arrivé à onze heures à Gravelines qui est à quatre lieues de Calais. Il y a le vendredi et le lundi un carrosse à dix places qui va a Dunkerque. Diné à Gravelines dont les fortifications sont très bien conditionnées et très étendues. On dit qu'elle est encore pucelle.

Parti à une heure de Gravelines, passé au grand *Mardik* à deux lieues et au fort Mardik où est l'écluse du canal. A une lieue plus loin cette écluse rendait tant d'eau qu'elle avait nettoyé l'embouchure du port de Mardik et qu'il y entrait des vaisseaux de cinquante canons. Les Anglais s'y opposèrent.

Arrivé à quatre heures et quart à Dunkerque par un vent terrible, passé sur l'écluse de Bergue[s], logé près du port a la Conciergerie. C'est auprès de la Bourse et de l'hôtel de ville. J'ai été voir les jettées qui bordent le chenal du port, le fort Richeban [Risbanc] à gauche, les deux forts à droite qui seront démolis. Il y avait dix barques à l'ancre qui attendaient que le mer fut apaisée, une à la côte, une coulée à fond, et les débris d'un vaisseau échoüé. Le port est difficile. Il en coûte autant aux assurances pour la sortie du port que pour le voyage d'Amérique, deux pour cent. Il y a des courants à l'entrée du port entre les bancs, ce qui pousse les vaisseaux à la côte. L'écluse du canal de Bergues est très nécessaire pour nettoyer le port – v. *The Universal Museum* for March 1763.[12]

Jean-Louis (?) Guérin (1732-?); astronome; correspondance avec Lalande en 1770, qui l'encouragea à participer aux *Ephémérides des monuments célestes pour le méridien de Paris* (Paris 1783-1792). Voir Lalande, *Bibliographie astronomique* (Paris 1803), p.339. M. Green l'identifie comme 'probably the Benedictine and historian'; une erreur.

[12] *The Universal museum or gentlemen and ladies polite magazine of history, politicks and literature*, 3 vols (London 1763-1764).

M. Denis est un assez bon constructeur à Dunkerque. J'ai vu la frégate, le Dunkerque, qu'on préparait pour armer en course lorsque la paix est venue. Il y a cent bateaux plats à Dunkerque. Ils sont mal liés, sujets à arquer et, ils n'ont pas assez d'un mât: ils ont été faits par M..... Le commissaire Anglais, Desmarais, est occupé à dresser ses procès verbaux de visites et il les envoye à Londres.

Le 11

M. Borda[13] est venu dîner avec moi chez M. Tully, médecin irlandais de Dunkerque, qui m'a dit avoir très fort observé les rapports de la lune avec les maladies.

De dessus la tour de Dunkerque on voit jusqu'à la Tamise. Il y a un télescope au dessus.

Le commerce de Dunkerque est les toiles, les vins, le chanvre. Les travaux du canal de Mardik furent faits en 1714, mais par le traité de la Quadruple Alliance en 1717 on consentit de rétrécir les écluses jusqu'à seize pieds. L'ingénieur de Calais prétend que les écluses curent les ports, mais qu'elles embouchent l'entrée en y amoncelant le sable. On a fait en 1757 l'écluse de Bergues.

Il y a deux prames [praam] à Dunkerque dont une va assez bien, et servira à ramener les prisonniers d'Angleterre. Elles ont cent trente pieds environ de long, fort plates et fort ventrues.

L'entrée du bassin a quarante pieds. Il y peut tenir douze grands vaisseaux et autant de frégates. Le bâtiment de la Corderie fait un côté et les magasins regnent de l'autre. Ce bassin avec son écluse n'a coûté que six cents mille livres en 1757.

M. Borda a fait des expériences sur la résistance de l'air et de l'eau. Il l'a trouvé sensiblement comme le quarré de la vitesse, mais non pas comme le quarré du sinus d'incidence. Ceci varie beaucoup, suivant la figure des corps. Il travaille à côté d'une frégate de M. Denis dans le bassin de Dunkerque sur un grand chassis.

M. Foulet, bijoutier, rue Sainte Anne près le palais à Paris, l'un des intéressés, dans les moires y a fait aussi des expériences sur la vitesse des eaux, et il croit qu'à deux pieds du fond la vitesse de l'eau est plus grande qu'à la surface.

[13] Jean-Charles Borda (1733-1799); mathématicien; en 1763, il était adjoint géomètre de l'Académie des sciences, et travaillait sur le problème de la résistance des fluides hydrauliques et le mouvement des solides.

Le lundi 14

J'ai été au port de Calais à onze heures et quart et le paquet both [paquebot] a commencé à démarrer, remorqué par des matelots. A onze heures cinquante minutes il a passé les jettées, et à midi j'ai commencé à sentir le mal de mer. Je m'en suis garanti en me couchant sur le dos. A trois heures vingt minutes on est arrivé à la côte de Douvres. On a jeté l'ancre et il est venu une chaloupe pour nous prendre. On voulait une demi guinée par personne, mais M. *Minet* n'a donné que six schil. Les hommes qui sont venus à la chaloupe, à la douanne, et à l'auberge, deux schill. Pour le paquebot suivant l'usage, quinze schill pour la visite de la douanne deux schill et demi.

A cinq heures j'étais rendu à l'auberge du vaisseau.

Les femmes de Douvres portent toutes de grands chapeaux avec de longs manteaux d'écarlate comme à Londres.

La Ville est longue, mais les rues sont étroites et les maisons sont basses. Elle est dominée par une falaise escarpée, au bout de laquelle est le château, sur le sommet de la montagne. Il nous en coûtera pour la voiture vingt sh, moitié d'avance. Duc de Coal., notre lit chacun un sh et une poularde de deux sheling, en tout quatre sh ten *pen.* pour nous deux.

Le mardi 15 mars 1763

Je suis parti avec M. Cousin[14] à deux heures et quart de Douvres dans un carrosse qui était à l'aubergiste même du *Ship*, nous sommes arrivés à Cantorberi [Canterbury] à cinq heures et quart. J'ai été voir la situation de la cathédrale. Nous y avons changé de carrosses et de chevaux de même qu'à Sittingburn [Sittingbourne] et à Rochester. Le port de Chatam [Chatham] est tout près de Rochester. Nous avons passé un très beau pont à Rochester qui est à cinq lieues de Sittingburn, à dix lieues de Cantorberi, et à quinze de Douvres.

De là nous avons passé à Dartford, et ensuite à Villen[?] où nous avons diné. Nous avons vû le port de Deptford à deux lieues de Londres, et nous sommes arrivés au pont de Westminster à quatre heures et quart.

J'ai vu les pierres milliaires de mille en mille, comptées depuis le *Standar*[d] in Cornhil[l]. C'est la boutique du pâtissier qui fait le coin de

[14] m. Green, p.114, l'identifie comme Jacques Antoine Cousin, mathématicien et physicien; directeur de l'école militaire en 1769.

Cornhill au bout de Bishopsgate. Nous étions huit à neuf minutes à faire un mille, quand il n'y avait point de montée.

On nous a descendu à Charing Cross. J'ai pris un fiacre pour aller chés M. Simon en Bishopgate Street. Il en a coûté une couronne. J'y ai couché, mais avant souper j'ai été voir le Monument et le London Bridge.

Le mercredi 16.

J'ai été chés un perruquier où j'ai donné six pence pour une barbe et un coup de peigne. J'ai été voir la Tour, de là par eau jusqu'à Surrey Street voir M. Short qui m'a parlé de la difficulté de donner à ses miroirs une figure parabolique.[15] Ce n'est que par tatonnement.

Il m'a fait voir ses calculs pour la parallaxe du soleil, et pour la long-[itude] de Greenwich à Paris, neuf minutes, seize secondes, qu'il trouve par les passages de Mercure et par celui de Venus.

De la à l'hôtel de Nivernois[16] où j'ai trouvé M. de la Rochette, M. Bontemps, M. Leboucher – à qui j'étais recommandé par M. Genet, M. Moreau, M. Lescalier, etc., avec qui j'ai été dîner.[17] J'ai vû le palais de Whitehall, St. James, Marlborough, Queen Palace, le park, et j'ai été prendre un logement dans *Panton* Square chez M. Rodgers.

J'ai environ quarante lettres à remettre. J'ai commencé, par M. Short, M. de Nivernois, M. Mathi, M. Leboucher, Bontemps, la Rochette, et l'après dîner M. Vaillant vis-à-vis la rue Southampton

[15] James Short (1710-1768); opticien, F.R.S.; appelé à Londres pour enseigner les mathématiques à William, duc de Cumberland.

[16] le duc de Choiseul, alors ministre des finances, suggéra le nom du duc de Nivernais. Celui-ci accepta le rôle d'ambassadeur à Londres et présida aux débats qui précédèrent la signature du traité de Paris en 1763. Dans son journal, il loue avec enthousiasme la campagne anglaise et l'abondance des bateaux qui flottent sur la Tamise de Rochester à Londres. Lucien Pérey, *Un Petit neveu de Mazarin* (Paris 1890), pp.489-94.

[17] La Rochette: François Thomas Moreau de La Rochette (1720-1791); agronome et industriel.

Le Boucher: Boucher de La Piletière, secrétaire du duc de Nivernais.

Genêt: Edmé Jacques Genest (?-1781); secrétaire-interprète de Monsieur; résida longtemps en Angleterre. On supposa, sans preuves, qu'il était chargé d'une mission secrète.

Jean Michel Moreau (1741-1814?); dessina des estampes pour divers ouvrages scientifiques.

Daniel Lescalier (1743-1822); m. Green nous dit (p.115): 'A writer on naval matters. He spent five years in England. He was an orientalist of repute.' Il était frère de madame Rollet. Il fut un des secrétaires du duc de Nivernais en 1763 et partit pour St Domingue en 1764.

Tous ces Français faisaient partie de la suite du duc de Nivernais.

qui mène au Covent Garden.[18] Il m'a mené à une assemblée de la Société des arts dont les souscriptions sont de deux guinées et qui propose des prix sur toutes sortes de matières pour l'encouragement des arts.[19]

Jeudi 17.

Au *museum*, chez Milord Maclesfield, à la Société Royale. Dîner à la Mittre Tavern à coté du Temple avec Milord Maclesfield. l'ambassadeur de Venise, Milord Willoughbi, l'évêque de Clarence, Short, Morton, Birch, Ellicot, Watson, Maskelyne, etc.[20] Ordinairement c'est trois shillings et un sol mais cette fois à cause du claret, c'est à dire du vin de Bordeaux qui coûte cinq shillings la bouteille, on a payé quatre shillings et demi. plomb poutingin [plum pudding], marque potinger, etc.

Nous avons été à cinq heures et quart à la Société Royale dans Crane Court, Fleet Street. On y a lû la lettre qui me concerne.[21] L'assemblée a duré une heure. J'y ai vû M. Wadington[22] qui a été à Ste. Hélène avec Maskelyne et qui tient une école près du Monument. A chaque lecture le

[18] Mathi: Matthew Maty (1718-1776), M.D., F.R.S.; bibliothécaire du British Museum. Paul Vaillant; libraire se spécialisant dans la vente des livres français.

[19] Société des arts: London Society for the Encouragement of Arts, Manufactures and Commerce; fondée en 1753 par Folkestone, S. Hales et W. Shipley; en 1821, la société comprenait environ 1800 membres et acceptait facilement les étrangers; on se réunissait une fois par semaine; voir J. W. Lake, *Le Guide de l'étranger à Londres* (Paris 1827), p.624. Lalande donne des détails supplémentaires à la page 47.

[20] George Parker, second earl of Macclesfield (1697-1764), F.R.S.; membre associé de l'Académie française et vice-président du Foundling Hospital.

Ambassadeurs de Venise: mm. Guerini et Morisini furent nommés ambassadeurs extraordinaires de Venise.

baron Willoughby of Parham (?-1765), F.R.S.

Charles Morton (1716-1779), M.D.; bibliothécaire du British Museum; F.R.S. et secrétaire de 1760 à 1774.

dr Thomas Birch (1705-1766), F.R.S.; membre de l'Antiquary Society; trustee du British Museum.

John Ellicot (1706?-1772), F.R.S.; en 1738, il présenta un pyromètre à la Royal Society. *Essays towards the laws of electricity* (London 1748).

dr Robert Watson (1720-?); historien et professeur de logique au collège de St Salvator. *History of Philip II of Spain* (London 1777).

Nevel Maskeline (1732-1811); directeur de l'observatoire de Greenwich.

[21] on trouve 'A discourse on the parallax of the sun by the rev. Thomas Hornsby', au cours duquel les calculs et opinions de Lalande sont mentionnés, dans les *Philosophical transactions* (1763), liii.467. C'est peut-être la 'lettre' dont il parle.

[22] Robert Wadington. *A Practical method for finding the longitude and latitude of a ship at sea, by observation of the moon...* (London 1763).

président dit qu'il faut remercier l'auteur. M. Morton a lu la minute de la dernière assemblée, et M. Birch a lu les autres memoires. On voit dans la salle le portrait de Newton, Folkes, Sloane.[23]

Vendredi 18.

J'ai été chez M. Maskelyne, et chés M. Bevis.[24] En revenant j'ai vu Holborn, Lincoln's Inn Fields, Bedford House, Foundling Hospital. Je me suis arrêté dans Holborn pour acheter des livres – poesies, histoire, droit, politique – douze shell.: treize volumes.

Le soir j'ai vû l'abaye de Westminster. Le mausolée de Newton est à gauche en face de la porte, celui de Milord Stanhope à droite. On a du côté droit Congreve, Freind, Chardin, Dryden; à gauche un fameux organiste.

J'ai été jusqu'à neuf heures et demie au café de Rothenell in Henrietta Street avec M. Birch. On a lu les votes de la chambre des Communes qui s'impriment chaque jour.

Il y aujourdhui un *Oratorio* à Covent Garden. C'est une espece de concert spirituel.

Samedi 19.

On fait la fête de St. Joseph. J'ai été chez M. Cole, M. Templeman.[25] J'ai vû le café de Slaughter où Newton allait tous les jours dans St. Martins Street, et la place de M. Moivre.[26]

Le soir à l'opéra Haymarket on a joué Orion.[27] Pit and box, demi-guinée; gallerie, cinq sh. La seconde gallerie est ignoble. Elle coûte. . .

[23] sir Isaac Newton (1642-1727).

Martin Folkes (1690-1754), F.R.S. 'when only twenty three'; membre de l'Antiquary Society; Académie des sciences; publia plusieurs ouvrages de numismatique historique.

sir Hans Sloane (1660-1752), F.R.S., puis président; membre associé de l'Académie française et de l'Académie des sciences; physicien de George II; un des fondateurs du Foundling Hospital; à sa mort, il légua 50 000 livres qui forment une des bases du British Museum.

[24] John Bevis ou Bevans (1693-1771); physicien et astronome; il composa une *Uranographia Britannica*, avec 52 planches gravées; l'imprimeur ayant fait faillite, l'ouvrage ne fut jamais publié; il publia *Halley's astronomical tables* (London 1752), *History and philosophy of earthquakes* (London 1757).

[25] William Cole (1714-1782); membre de l'Antiquary Society; il fit en 1765 un voyage en France avec Walpole.

Peter Templeman (1711-1769); bibliothécaire du British Museum jusqu'en 1760, puis secrétaire de la Société des arts.

[26] Abraham Moivre (?-1754); mathématicien; membre de l'Académie des sciences.

[27] *Orione* de J. C. Bach; la première date du 19 février 1763.

Les hommes et les femmes sont pêle-mêle dans le parterre, les loges et la gallerie.

M. d'Amicis a joué Candiope, Mle Valsecche, Diane, Mle Cremonini, Nice, Mle Segantini, Phetrée[?]; Mle Carmignani, Argil, M. Ciardini, Orion. Les danseuses sont Mle Asselin, Mad. Binetti, M. Binetti et M. Galliai; musique de M. *Bach*, Saxon; les paroles de M. Bottarelli.

Dimanche 20 mars.

Le matin, comme on ne fait point de visites, qu'on ne peut se promener sur la rivière, j'ai été voir Hanover Square, Golden Square et Grosvenor Square, Oxford Road et Tyburn, jusqu'à la barrière. J'ai écrit à Mad. Lepaute et a ma mere pour l'ordinaire de demain.[28]

A deux heures j'ai été à la Cour, presence chambers. Le Roy, la reine, la princesse Augusta, 'le duc d'York, le prince Guillaume, le prince Henry y sont venus.[29] On remarque parmi les jolies femmes, Misis Pitt, Mis[s] Bishop, la duchesse d'Enkester [Exeter?], Milady Bolingbroke.

Le soir j'ai fait des visites et j'ai été au Slatter [Slaughter] café. J'y ai pris quatre à cinq tasses de thé. J'ai donné dix pences.

Le lundi 21.

J'ai été par la Thamise de Witehal [Whitehall] stairs à Three Cranes stairs pour trois pences. J'ai été voir M. Blaquier [Blaquière], MM. Mavit et Casenove, Mrs. Duval.[30] J'ai été voir Morfields, West Smith jusques chés M. Bevis. J'ai acheté des logarithmes infolio. deux sh. et le troisième volume du Spectator. un sh. J'ai acheté un chapeau, seize sh ou dix-

[28] Nicole-Reine Lépaute Etable de La Brière (1723-1788); femme de Jean-André Lépaute, horloger; elle calcula avec Clairaut et Lalande en 1757 l'attraction de Jupiter et de Saturne sur la comète prédite par Halley; les calculs du soleil, de la lune et des planètes dans le dix-huitième volume des *Ephémérides* (1783) sont de mme Lépaute; J.-A. Lépaute avait construit une horloge astronomique dont parle Lalande.

[29] famille royale anglaise: George III (1738-1820); monta au trône en 1760.

La reine: Charlotte Sophia of Mecklenburg-Strelitz (1744-1818).

La princesse Augusta of Saxe Gotha, mère du roi (1709-1772).

La princesse Augusta, sœur du roi (1737-1813).

William Henry, duke of Gloucester (1743-1805); Edward Augustus, duke of York (1739-1767); Henry Frederick, duke of Cumberland (1750-1790); les trois frères du roi.

[30] John Blaquière; marchand français qui avait émigré en Angleterre en 1732; père du baron John de Blaquière (1732-1812).

Le professeur Green (p.116) identifie Casenove comme Casanova (1725-1798) 'le célèbre aventurier'; cela semble peu probable; voir note de Lalande, p.103. Il identifie madame Duval comme Valentine Duval, homme de science et numismatique: une erreur.

huit livres, six so[ls] de France, et un petit plan de Londres pour six sols; deux ganifs, un qui ferme à ressort, deux sh et demi et l'un a gaine, un sh et demi.

M. Vaillant m'a envoyé les tables de gard[in]er[31]

Mardi 22.

J'ai vû M. Shebbeare qui travaille à l'histoire d'Angleterre.[32] Il a été trois ans en prison pour sa sixième lettre au peuple, contre les ministres Newcastle, Harwich [Hardwicke] et Fox. M. Pitt, pour qui il avait travaillé, l'abandonna lachement. Il vient de donner sous le nom de Sumaton un tableau de l'Angleterre.

J'ai vu M. Wiche [Wyche] in Great Ormond; c'est un grand agriculteur.[33] J'ai été dîner chés M. Morris qui m'a fait voir ses calculs, et le soir chés M. Collinson.[34]

Le mercredi 23.

J'ai été voir M. Maskelyne et à onze heures j'ai pris le carrosse a Charing Cross pour aller à Greenwich. J'y suis arrivé à midi et un quart, je n'ai pû voir M. Green qu'à trois heures et demie.[35] Il m'a fait voir l'observatoire. J'ai été voir l'hôpital et je suis reparti à quatre heures et demie. On donne un sh. Le soir j'ai vû M. Hawkins, chirurgien.[36]

J'ai payé dix sh et demi pour ma chambre, demi-guinée par semaine.

Le jeudi 24.

J'ai été voir M. Edwards au collège des médecins, qui m'a fait voir beaucoup d'oiseaux.[37] Il est occupé à publier la septième et dernière

[31] William Gardiner; géomètre. *Tables of logarithms, for all numbers from 1 to 102,100, and for the lines and tangents to every ten seconds of each degree in the quadrant* (London 1742).

[32] John Shebbeare (1709-1788); le 28 novembre 1758, Shebbeare fut condamné à trois ans de prison pour ses écrits politiques et mis au pilori à Charing Cross le 5 décembre 1758. *The History of the excellence and decline of the constitution, religion, laws, manners and genius of the Sumatrans, and of the restoration thereof in the reign of Ammath the Third.* (a political satire on the state of England), 2 vols (London 1760).

[33] Peter Wyche; F. R. S.; élève de Louis Dutens.

[34] Peter Collinson (?-1768); naturaliste et archéologue; F.R.S.

[35] Charles Green; assistant à l'Observatoire de Greenwich. *A General dictionary of arts and sciences, or a complete system of literature, containing* [...] *the mathematical branches* (London 1765-1766).

[36] sir John Hawkins (1719-1789); magistrat et écrivain; membre de l'académie de musique ancienne. *Observations on the state of the highways* (London 1763).

[37] George Edwards (1694-1773), F.R.S.; Antiquarian Society; nommé bibliothécaire du collège des physiciens grâce à sir Hans Sloane. *History of birds*, 4 vols (London 1743-1751); *Gleanings of natural history*, 3 vols (London 1758-1764).

partie de ses collections. J'ai été dîner à la Mittre. Il y avait seize personnes. Cette société de la Mittre a été formée autrefois par M. Halley quand il venait de Greenwich pour assister à la Société royale.[38] Elle est composée de quarante personnes, dont quelques unes ne sont pas de la Société royale et l'on fait une election quand il en manque. Chacun a le droit d'y mener un ami.

J'ai été à la Société Royale dans Crane Court (cour de la cygogne), près de l'église de St. Dunstan. Il y a fort près delà, la taverne du diable où allait autrefois Ben Jonson. L'enseigne est St. Dunstan tenant le diable par le nez avec des pincettes. Il n'y aura plus d'assemblée jusqu'au 14 avril à cause de Pâques.

M. Parson[s] avec qui j'ai fait connaissance m'a mené à la Société des Antiquaires (Chancery Lane).[39]

Le 22, on a publié la paix à cinq endroits de Londres. Le soir on a fait quelques illuminations du côté de W[h]itehall etc. Mais fort mesquines, les Anglais disaient dans leurs imprécations: 'Tu es bête comme la paix.'

Le premier Seigneur de la Trésorerie comme est actuellement M. Bute est toujours maître de tout, parce que c'est lui qui donne les emplois, manic l'argent, emprunte en son nom, etc.[40] Les Secrétaires d'état ne sont que ses outils.

Le 24 j'ai vû Milord Morton.[41] Il a le cordon du *thistle*, *Nemo, me impune lacessit*. C'est chés lui que M. le Monnier observa l'éclipse de soleil de 1748.[42] M. Short m'a dit qu'il n'avait point alors de micromètre.

[38] Edmund Halley (1656-1742); celui de la comète; F.R.S.; Astronome du roi; voyage à Ste Hélène en 1676. *Théorie sur la variation de la Boussole magnétique* (Londres 1683).

[39] Société des Antiquaires: fondée vers 1572 par l'archevêque Parker; en 1750, le roi s'en déclara le protecteur.

James Parsons (1705-1770), F.R.S.; Antiquarian Society; ami intime de Folkes et de Mead; publia de nombreux articles dans les *Philosophical transactions*.

[40] John Stuart, lord Bute (1713-1792); membre du Conseil, secrétaire d'état; retiré dans un de ses châteaux, il s'occupa de travaux scientifiques; voir la note 78.

[41] James Douglas, 14ème comte de Morton (1702-1768), F.R.S.; président de la Royal Society en 1764; il reçut le cordon du Thistle en 1738; en 1746, il fut emprisonné à la Bastille pour des raisons peu claires, mais probablement dues à ses opinions politiques.

[42] Pierre Charles Lemonnier (1715-1799); Académie des sciences; il accompagna Maupertuis dans son expédition scientifique vers le cercle polaire; dans les *Mémoires* de 1738 il remit en honneur la méthode de Flamsteed; en 1748 il alla en Ecosse avec Macclesfield et Short pour observer l'éclipse; professeur au Collège de France. De son ouvrage *Institutions astronomiques* (Paris 1746), Lalande a dit que c'était un des meilleurs ouvrages en français sur l'astronomie élémentaire.

Le vendredi 25.

J'ai vû M. Pringle,[43] M. Goüin [Gouyn] in Benet St. James. J'ai acheté la cosmographie de Heylyn en anglais, quatre shillings. J'ai diné chez M. de Nivernois; le soir chez [M.] Nourse.[44]

Samedi 26.

J'ai déjuné chez M. le chevalier MacDonald, qui me cherchait depuis longtemps.[45] J'ai vû M. Lefèvre, jouaillier dans Grafton; M. Charles Boyd au café de Blunts. Il a habité en Picardie, ce qui fait qu'il est ami de M. Briche à Boulogne dont j'avais une recommandation.

J'ai été au café St. John, près la porte St. John, St. John Square, déjeuner et chercher le docteur Bevis. A Drury Lane, *Venice Preserved*.[46] A cinq heures je n'ai pû avoir que la dernière place de la gallerie. Tout était plein . . . deux sh. Jassier by M. Garrick, Priuly by M. Navard, Pierre by M. Holland, Belvidera by Miciss Cibber. J'ai eu si chaud que je n'ai pas attendu *School Boy*.[47]

Le soir j'ai reçû des lettres de France et des épreuves de mon livre.[48] La malle était retardée depuis huit jours par les vents contraires, a Calais. J'ai reçû aussi une lettre du docteur Bevis qui est à la campagne et qui m'a cherché plusieurs jours de suite.

J'ai été voir M. le Metayer dans Charterhouse.[49] Il a vingt pensionnaires de vingt-cinq guinées. Il vont à l'école de Charterhouse, ancien couvent de Chartreux, dont on a conservé la fondation pour quarante vieillards et quarante jeunes gens qui apprennent le grec et le latin dans six classes différentes, *the first form* etc., en commençant par la plus basse.

[43] sir John Pringle (1707-1782), F.R.S.; Académie des sciences; médecin ordinaire du roi.

[44] Peter Heylyn (1600-1662). *Cosmographie in four books, containing the Horographie and Historie of the whole world* (London 1652).

Nourse; éditeur se spécialisant dans les textes français.

[45] sir James MacDonald. Est-ce le sir James MacDonald de Sleat qui rendit visite à Voltaire en 1765? Voir A.-M. Rousseau, *L'Angleterre et Voltaire*, Studies on Voltaire 145-147 (1976), ii.335.

[46] par Otway. Première, février 1681/82.

[47] *The School boy, or the comical rivals* par Colley Cibber. Première, 1707.

[48] Lalande publia en 1763 un *Art du chamoiseur* qui faisait partie de sa collection: *Art du cartonnier, du courroyeur*, etc. Il est possible que ce soit le livre auquel il fait allusion, à moins que ce ne soit l'*Art du tanneur* qui fut publié en 1764.

[49] Charterhouse était à la fois un hôpital, une chapelle et une école (depuis 1671).

Dimanche 27

J'ai été à la Cour. J'ai dîné chés M. Dutemps [Dutens], où j'ai vu M. Dutemps [Dutens], son cousin qui est chés M. Ma[c]kensie, derrière l'hôtel de Barington.[50] J'ai été chez M. Parsons in Red Lyon.

Lundi 28

J'ai été à la Chambre des Pairs, et le soir j'ai soupé chés M. Lefèvre.

Mardi 29

J'ai été voir la chaise marine de M. Irwin, chès Sisson, vis à vis de Convent Garden.[51] Jeremie Sisson, fils de Jonatas Sisson, travaillait depuis plusieurs années chez son père qui était infirme, et c'est lui qui a fait les quarts de cercle de M. Lemonnier, de Milord Macleaf, de Pise, de Boulogne.

[50] les Dutens étaient une famille de Huguenots qui émigrèrent en Angleterre. Frédéric Dutens s'y maria et fit une belle carrière dans la banque. C'est chez lui que va Lalande. Son neveu, Louis, élevé en France, fut précepteur chez M. Wyche et fit partie du corps diplomatique anglais.

Stuart Mackenzie; frère de milord Bute, envoyé à Turin en ambassade extraordinaire. Louis Dutens l'accompagna en tant que secrétaire et le remplaça temporairement à sa mort.

[51] la chaise marine ou chronomètre marin permettait aux marins de mesurer le degré de longitude où ils se trouvaient en pleine mer. Lalande désirait acheter un modèle de cette chaise construite par John Harrison (1693-1776) et le rapporter en France.

L'histoire de cette chaise est bien connue. Le gouvernement anglais avait promis une récompense de 20 000 livres à qui pourrait construire un tel chronomètre. Harrison gagna le prix, mais diverses difficultés intervinrent et ce ne fut qu'en 1773 que Harrison reçut son prix.

Le professeur Seymour Chapin a lu à Edinbourg, au quinzième congrès de l'Histoire des sciences (août 1977) une communication sur 'Lalande and the longitude: a little-known London voyage of 1763'. Dans sa bibliographie, il énumère les ouvrages qui ont été publiés au sujet du chronomètre marin. Citons entr'autres: V. Rupert T. Gould, *The Marine chronometer: its history and development* (London 1960) et Humphrey Quill, *John Harrison, the man who found the longitude* (London 1966). La communication de m. Chapin a été publiée dans les *Notes and records of the Royal Society* (London 1978), vol. 32.

M. Chapin fait une distinction entre les membres de la commission officielle (mm. Camus et Berthoud) et Lalande qui semble n'avoir pas été au début membre de cette commission. Ses déductions, basées sur le texte du *Voyage en Angleterre* ne sont pas toujours convaincantes. Lalande, écrivant pour lui-même, se contente souvent de mentionner un nom sans explication. Ses intérêts étaient variés et catholiques, sa curiosité inlassable. Le but de son voyage était certainement d'examiner et si possible d'acheter des instruments scientifiques qui manquaient en France, entr'autres, un quart de cercle construit par Bird.

Jonathan Sisson. Il construisait des quarts de cercle. Lemonnier prêta à Lalande son quart de cercle de Sisson au moment où celui-ci alla à Berlin en 1750. C'est Jeremy Sisson, le fils, que Lalande fréquente.

J'ai été chés M. John Bird in York Buildings auprès de *Georges* Street, *Villers, Duke, of, Buckingham*, Streets.[52] Il y a une court appellée 'of' afin que tous les mots de cette phrase soient employés.

Le soir j'ai vû le docteur Bevis que je cherchais depuis si longtemps. Nous avons été prendre le thé dans *Windmill* Street chés un opticien de ses amis.

M. Bird demande mille deux cents livres dont moitié d'avance pour un q[uart] de c[ercle] de dix-huit pouces, et trois cent cinquante livres sterling huit mille livres pour un q[uart] de c[ercle] de huit pieds, avec deux années de temps. Il y a encore dix livres sterling d'emballage. Il dit qu'il a vû des plaintes sur les ouvrages de Sisson.

J'ai écrit à M. de Sarron par un courrier qui part demain 30 mars.[53]

M. Bevis m'a raconté que M. Lem[onnier] avait une demoiselle, Sophie, dont il a eu une fille; qu'en allant à Oxford avec lui et M. Maldonado[54] il se tuait à apprendre à prononcer strencth. C'était la son Siboleth [Shibboleth].

J'ai vû le *Nort[h] Briton* du 19 par MM. Churchil[l] et Wilkes, qui viennent de partir pour Paris où il[s] y vont passer six semaines.[55] Ils appellent M. Butte *insolent and all grasping minister*. Ils l'accusent d'avoir fait un emprunt onereux de trois millions et demi pour faire profiter ses créatures, et d'avoir donné des commissions de guerre à des gens qui n'avaient pas servi pour leur faire avoir la demie paye. M. Ellis, secrétaire de la Trésorerie y est appellé *jackall* of pay master – c'est un animal qui va chercher la proye du lyon.

[52] John Bird (1709-1776); fabricant d'instruments de mathématiques et savant. Il faisait partie du groupe qui observa le transit de Vénus en 1761, avec Green et Bliss.

[53] Sarron: Bochart de Saron (1730-1794); Académie des sciences; prononça l'éloge de Lalande.

[54] don Joseph Maldonado y Soto Mayor (?-1748); Académie des sciences. Correspondant de La Condamine.

[55] John Wilkes (1727-1797); homme politique. Il détestait lord Bute et lui fit opposition pendant des années. Il fut favorisé par le premier William Pitt et grâce à lui fut élu comme membre du parlement représentant la ville d'Aylesbury. Il ne put, cependant, obtenir de Pitt ni un poste d'ambassadeur à Constantinople, ni celui de gouverneur de Québec. En 1762, il fonda avec le poète Charles Churchill (1731-1764) le *North Briton* pour faire opposition au *Briton* publié par Smollett. Le numéro 45 du *North Briton* contenait une attaque contre le roi, et Wilkes fut mis en prison en 1763. Relâché comme membre du Parlement, il réimprima le numéro 45 du *North Briton*, fut renvoyé de la Chambre des Communes et se retira à Paris où il fit connaissance de Diderot et d'Holbach. Il voyagea en Italie et ne put revenir en Angleterre qu'en 1768. Il retrouva ses ambitions politiques et après divers revers fut élu lord mayor de Londres.

Lalande mentionne Wilkes à plusieurs reprises. Il date une des attaques de Wilkes contre Bute du 19 mars 1763. Le célèbre no. 45 du *North Briton* fut publié le 23 avril.

J'ai vû dans les papiers l'histoire des matelots qui ont pendu en effigie le commissaire de Bayonne, *monsieur was in French dress*. C'est vers *Spitalfields* et White Chapel.

J'ai acheté un Whiston pour six pences.[56]

M. Lescalier, secrétaire chés M. de Nivernais, est frère de Mme Rollet, il a un fils dans l'académie de peinture à Paris et un qui est avec lui et qui travaille en géographie, plans; il faisait à Londres un commerce de vins; il luy est du beaucoup.

Mercredi 30

J'ai été dès le matin chés M. Bevis. Nous avons déjeuné ensemble, et j'y ai resté jusqu'à deux heures. Il m'a fait voir beaucoup de livres, de papiers, de lettres, de calculs d'astronomie et surtout son uvanouretrie en cinquante-deux planches toutes gravées.

J'ai été dîner chés M. Ellicot le fils qui est associé avec son père. Rue de *Threadneadle* vis à vis une grande porte cochere, et à gauche en venant du change. J'y ai vû M. Roussel fort curieux d'astronomie, qui a été en Turquie et qui m'a promis de me mener mercredi à la Tour chés M. Harris.[57] Il m'a donné deux petites feuilles de mesures anglaises, gravées.

M. Ellicot m'a donné une lettre pour M. Bliss.

Je me suis enrhumé chés le docteur Bevis et je m'en suis allé coucher de bonne heure.

Il m'a fallu environ cinquante minutes de temps pour aller de Clerkenwel[l] close à Panton Square.[58]

(Oxford 58 milles)
Jeudi 31 mars

Avec M. Macdonald de Londres à Windsor, neuf heures et demi à une heure=trois heures et demi; de Windsor deux heures trois quarts, arrivé à Oxford à neuf heures et quart=six heures et demi – en tout,

[56] William Whiston (1667-1752). L'auteur fait probablement allusion aux *Elements of Euclid*, publiés à Londres en 1714 et réimprimés avec additions plusieurs fois au cours du siècle.

[57] Roussel: Alexander Russel (1715?-1768), F.R.S.; physicien et naturaliste. *The Natural history of Aleppo* (London 1756).

Joseph Harris (1702-1764); savant. *A Treatise of Navigation* (Londres 1730); autres ouvrages de numismatique et de géographie.

[58] une distance de 1 mille 3/4 environ au centre de Londres, quartiers de Marylebone et Finsbury.

dix heures. On faisait un mile en huit minutes; les changements de chaise durent dix minutes. J'ai vû à Windsor les armes du prince Noir, et du roi Jean,[59] le triomphe du pr[ince] Noir, les beautés de la cour de Charles II, sa statue équestre au milieu de la cour du chateau, la plus belle vue à plusieurs lieues à la ronde, la Tamise, le parc, la forest. C'est le lieu ou Edouard III institua l'ordre de la jarretiere pour la duchesse de Suffolk.[60]

Nous faisions dix à seize miles avec la même chaise.

Vendredi 1er avril.

Sir James m'a fait voir tous les collèges de la ville, il y en a vingt principaux.

J'ai dîné a cinq heures avec M. Hornsby, professeur Savilien d'astronomie.[61]

J'ai été voir M. Bliss[62]

Great [sc. Christ] Church College est le plus grand, le mieux bati; il fut bati par le Cardinal Volsey avant sa disgrace.[63] Il était chancelier ministre, avait trois evechés, se faisait servir par des seigneurs. Ce fut pour avoir ses biens que le roy lui fit son procès.

Samedi saint, 2 avril

J'ai été voir le moulin à papier de Wolverrot [Wolvercote] à une lieue d'Oxford.[64] On ne pourrit point. Il n'y a que deux cylindres et deux cuves. On ne lisse point.

[59] le Prince Noir ou Edward of Woodstock (1330-1373). Un des plus grands capitaines de la guerre de cent ans.

Jean II le bon (1319-1364); roi de France de 1350 à 1364; capturé à Poitiers par le Prince Noir et mort à Londres.

[60] alors qu'elle dansait avec Edward III, la comtesse de Salisbury perdit sa jarretière gauche. Le roi la ramassa et dit: 'Honni soit qui mal y pense' et fonda l'ordre de la Jarretière. Les Chevaliers portent une jarretière de velours bleu avec l'inscription de la devise à la jambe gauche.

[61] Thomas Hornsby (1733-1810), F.R.S., astronome; il succéda à James Bradley à la Savilian Chair d'astronomie en 1763.

[62] Nathaniel Bliss (1700-1764), F.R.S.; il succéda à Halley comme Savilian Professor en 1747; il observa le transit de Vénus en juin 1761.

[63] Volsey: Thomas Wolsey (1471-1530); il fut nommé Royal Almoner de Henri VIII en 1499 et en 1514 fut nommé archevêque de Lincoln; il commença la construction de Christ Church à Oxford en 1529, qui fut terminée par Christopher Wren au dix-septième siècle.

[64] il y avait des moulins à papier depuis 1666. Joanna Cannan, *Oxfordshire* (London 1952), p.23.

J'ai dîné avec M. Bliss, Il m'a raconté que M. Lemonnier attachait le fil de son q[uart] de c[ercle] avec la cire de ses oreilles, qu'il allait à Oxford avec son épée cassée, que ses observations s'accordent moins bien avec celles de M. Bv [Bevis] que celles de la Caille[65] Il m'a promis des lettres pour M. Green et un lit à Grenwich.

J'ai été voir la Tamise, le pont sur lequel est *Frier Bacon Study*,[66] vie[i]lle tour; et au delà duquel était le tombeau de la belle Rosamonde. (v. A Tour Through Britain.)[67] Le theatre pour les actes publics est un très beau batiment, la charpente du toit en est très belle. Elle fut composée par le célèbre Wren.[68] Le batiment de l'imprimerie[69] est aussi fort beau, mais on n'y fait que des bibles et des sermons parceque la plupart des gens de l'université sont *clergimens*. Il n'y a point de maisons ou l'on recoive, point de filles, point de gens de qualité. Il faut sept ans pour être maître ès arts, douze ans pour être docteur en droit, quatorze pour être docteur en médecine, seize pour la *divinity*. Les fellow des différents Colleges obtiennent des bénéfices, et alors ils peuvent se marier.

Les deux professeurs Saviliens, Bliss et Hornsby, ont environ cent quarante livres sterling pour trente ou quarante leçons publiques dans les quatre termes de l'année. Ils font des cours particulicrs qui lcur rapportent encore autant.

M. Bliss ne connaît aucun livre anglais sur la construction et la fig[ure] des vaisseaux; les Anglais ont toujours imité nos vaisseaux mais ils les conduisent mieux que nous.

Dimanche 3, jour de Paques

J'ai été a Blenhein, huit miles d'Oxford, maison immense que la faveur de la reine Anne fit donner à Marlborough avec dix mille pièces

[65] Nicolas Louis de La Caille, abbé (1713-1762), F.R.S.; mathématicien et astronome; membre de l'Académie royale des sciences; voyage au Cap de Bonne-Espérance, 1750-1754; il travailla avec Lalande à Berlin en 1750.

[66] on raconte que Roger Bacon, dont le monastère se trouvait au sud d'Oxford, avait un laboratoire au-dessus de la loge de garde sur le pont Folly.

[67] maîtresse de Henri II. Elle mourut en 1173 et fut enterré dans la chapelle du couvent à Godstow (voir *The Life and times of Anthony à Wood* (Londres 1961), pp.98-102).

[68] sir Christopher Wren (1632-1723); il s'agit du Sheldonian Theatre, dont la large toiture est sans colonnes de soutènement. Wren s'inspira des modèles de Wallis pour construire ce toit. Voir note 116, p.48.

[69] Oxford University Press, qui se trouvait à cette époque dans le Clarendon Building (1722) à côté du Sheldonian Theatre.

de revenu annuel, elle coûta deux millions de pièces a batir. C'est une masse de pierre.[70]

M. Macdonald m'y a mené en chaise de poste. On travaille l'acier à *Woodstok*.

Lundi 4

J'ai été voir la bibliot[hèque] de Queen College, la bibl[iothèque] de Ratclif dans un beau batiment rond,[71] la bibl[iothèque] bodleienne, la salle des grands hommes qui est a coté, les marbres d'Arundel,[72] la tannerie des cuirs.

Mardi 5

Je suis parti en chaise de poste à six heures et quart et arrivé a Londres à deux heures trois quarts. C'est huit heures et demi pour cinquante-huit Milles, a raison de sept milles par heure. Il m'en a coûté trente livres pour ma part. Nous avons eu cinq postillons à chacun desquels il faut un sh. Quatre *turnpik*[*es*] de sept, deux, trois, et dix pence–et neuf pence pour chaque mille. Nous avons passé à Dorc[h]ester, Benson, Henley, Meaden Head, Sothil[l], Onslow, Brentford, Kensington.

Mercredi 6.

J'ai été déjeuner avec M. Roussel où était M. Michel,[73] garde du cabinet d'his[toire] nat[urelle] de Cambridge. Il m'a parlé de MM. Smith, Dunthorn, Long.

Nous avons été voir M. Harris et les différens atteliers de la monnaye. Il m'a promis un standard de poid[s] aussitôt qu'il y en aura un d'établi.

Dîner au Cerf dans Bishopsgate, voir l'horloge de London Hospital dont j'ai écrit a part une petite description.[74]

[70] commencé en 1705 à Woodstock, le parlement anglais le donna à John Churchill, duc de Marlborough, en reconnaissance de sa victoire à la bataille de Blenheim pendant la guerre de la succession d'Espagne. C'est un exemple célèbre d'architecture baroque.

[71] la Radcliffe Camera, bibliothèque indépendante à cette époque mais qui fait partie maintenant de la Bodleian Library.

[72] se trouvaient dans la Bodleian Library; don de Henri Howard (voir *The New Oxford guide* (Oxford 1978), p.12).

[73] John Michel, F.R.S., *A Treatise on artificial magnets* (London 1750).

[74] je n'ai pas retrouvé dans le manuscrit la description dont parle Lalande. Le London Hospital reçut ses premiers étudiants en 1741.

Jeudi 7.

Déjeuner chés M. Bird avec M. Hornsby. Nous avons été ensemble à Grenwich, par la rivière au travers de mille vaisseaux, en une heure de temps; dîner neuf shil.

Vendredi 8.

Dîner avec M. le duc de Nivernois, M. Déon,[75] M. de Romguld, M. Wolf, neveu d'un banquier de Paris, et M. Lamotte neveu de M. Miret.[76] J'ai vû M. Pringle, M. A[d]ouarre dans South Aüdley Street, M. Butler, M. Bontemps dans sa maison d'inocul[ation] a Maribone [Marylebone] souper avec M. Maskelyne.

Samedi 9.

J'ai été voir M. Henri (arrivé d'Angoulême) avec M. Vaillant, M. Short M. Duval négo[cian]t, M. Bevis, le College de Gresham,[77] ou se font dans les quatre termes des leçons de math[ématiques], etc.

Le chancelier Gresham étant pret a faire banquer[oute], son frère lui refusa du secours. Ses vaiss[eaux] arrivèrent le jour qu'il avait écrit a ses créanciers pour s'accommoder. Il desherita ses paren[t]s.

J'ai été voir Goldman Field, Welclote Square, Spital Square, Spiterfields Market, Spitalfields Church. Souper chés M. Simon. C'est le 8 que la démission de Mil[ord] Bute a été déclarée.[78] On dit que c'est sa femme qui l'a déterminé a qui[t]ter le ministère pour sa sureté et pour celle du Roy. Les uns disent que c'est parce qu'il est Ecossais, les autres parce qu'il a trop rendu aux Esp[agnols] et aux Français, et qu'il devait prendre les trésors de l'Amér[ique] meridionale.

Le dimanche 10.

J'ai été avec M. Dutens voir le docteur Campbell in Queens Square près de Foundling Hosp[ital]. J'ai vû les horl[oges] et montres que

[75] Eon de Beaumont, chevalier d' (1728-1810); il était à cette époque secrétaire du duc de Nivernais et le remplaça brièvement comme ministre plénipotentiaire; un des agents secrets de Louis xv.

[76] Miret, banquier.

[77] fondé par sir Thomas Gresham (1519-1579), fondateur du Royal Exchange. On y donnait des leçons gratuites en religion, astronomie, musique, géométrie, droit, médecine et rhétorique.

[78] succéda à Newcastle comme ministre des finances en 1762; il fut accusé d'avoir été acheté par les Français au moment des préliminaires du Traité de Paris; il se rendit encore plus impopulaire en imposant une taxe sur le cidre en 1763 et dut démissionner le 8 avril 1763; voir n.40.

James Newton lui a laissé. J'ai appris que M. Camus et M. Berthoud vont venir pour le secret des long[itudes] de Harrisson.[79]

Le soir j'ai causé longtemps avec M. Watson, Lincolns Inn Fields et Mademoiselle Dutens, Leicester Fields.

Lundi 11 avril, 1763.

Avec M. de la Rochette[80] et M. de Vaubicourt, nous avons été voir la pompe a feu de Chelsée [Chelsea]. Déjeuner at Dog-and-Duck où il y a des eaux minérales, voir l'hôpital St. Thomas in Southwark que M. Russel nous a fait voir.[81] Il y a quatre cent quatre-vingt lits, cinq mille pièces de revenu fixe et cinq de souscriptions volon[taires]. On écrit dans la grande salle les noms de tous les bienfait[eurs].

A la doüanne Custom-house le long room où il y a plus de cent commis. A la Tour, la salle d'armada ou se conservent les restes de la fameuse flotte espagnolle, qui est peinte dans la salle du parlement. Le garde qui nous a conduit a pris un shelling par personne, les regalia, un sh; les lyons, un demi-sh; les salles d'armes environ un demi-sh en tout, trois sh.

Dîner dix sh dont j'ai p[ayé] la moitié, cinq sh et demi; fiacre et caffé, deux sh et demi. J'ai mangé des gâteaux fort délicats de la Cité, *apple puffs*.

J'ai été voir les oiseaux de Brookes, faisans dorés qui sont très beaux.[82] J'ai vû le magasin du librairie *Osborne,* le jardin de *Grais Inn,* celui de Furnival's Inn où demeure M. Smeaton,[83] l'hôpital de *Christ Church,* celui de S. Bartholomi[84] qui donne dans Smithfield.

[79] John Campbell (1708-1775). *A political survey of Britain* (London 1774).

James Newton: John Newton hérita de la bibliothèque de son oncle Isaac; il mourut en 1737. Est-ce à lui que Lalande fait allusion?

Charles Etienne Louis Camus (1699-1768), F.R.S.; mathématicien, géomètre; Académie des sciences; il fit partie du groupe de savants qui mesurèrent l'arc du méridien entre Amiens et Paris.

Ferdinand Berthoud (1727-1807); horloger, rival de Leroy: 'Ses montres ne varient pas en mer.'

Harrison: voir note 51.

[80] François-Thomas de La Rochette (1720-1791); agronome et industriel; directeur des fermes du roi à Melun.

[81] fondé au début du treizième siècle; reconstruit en 1228; en 1553, sous Edouard VI, il devint un hospice; le nombre de lits disponibles augmenta peu à peu. William Kent, *An encyclopaedia of London* (New York 1951), p.327.

[82] Richard Brookes (?-?), M.D. *A new . . . system of natural history,* 6 vols (London 1763), vol. 2: *The History of birds.*

[83] John Smeaton (1724-1792), F.R.S.; ingénieur civil.

[84] Christ Church: plus connu sous le nom de Christ's Hospital; fondé par Edouard VI en 1553 en tant qu'orphelinat; devint rapidement une école qui recevait de 1 000 à 1 200 enfants.

Dans la tour quarrée ou tour blanche bâtie par Guill[aume] le conq[uérant] il y a les *tentes*, les archives, le magasin des poudres.[85] On n'y entre jamais.

Dans le *horse armories* à droite sont tous les chevaux et les rois d'Angl[eterre] depuis Guillaume le conq[uérant]. On passe sous la tour sanglante où les enfants de . . . [Edouard IV] furent massacrés.[86] On y voit le fameux duc de Lancaster qui avait sept pi[eds] de haut et fut fils, père, frère, oncle de Roi et jamais Roy.[87]

La hâche qui a coupé la tete de Anne de Boulen [Boleyn] et du C[omte] d'Essex, la porte des traîtres, la tour où était le Lord Ferrers.[88] M. Paul Vaillant, Esquire était alors *Sheriff* de la ville. Ces deux magistrats sont chargés des commissions des exécutions des assignations. C'est le Lord Mayor avec les trente alderm[en] qui gouvernent.[89]

Le mardi 12.

J'ai été voir les livres de Payn près du Mews avec M. Dutens. De là chés M. de Romgould et chés M. Moreau ou j'ai vû M. Des haies, député de la Guadel[oupe], chés qui demeure M. le chevalier Duclos ou le Père de la Vallette.[90] Ils ont une fille entre eux deux nommée Mad[emoiselle] Gilbert.

J'ai été à la Cour de la princesse de Galles,[91] le deuxième mardi de chaque mois, et j'ai dîné avec Mademoiselle Dutens, M. Lespinass phisicien. J'ai été à Mary[le]bone voir M. Bontems avec M. Leboucher,

S. Bartholomi: St Barthdomew's; fondé en 1102; il fut reconstruit en 1693 et 1730. *Guide de l'étranger à Londres*, pp.594-96.

[85] la Tour blanche fait partie de la Tour de Londres; contient un château d'eau qui alimente les bâtiments de la Tour de Londres. *Guide de l'étranger*, p.470.

[86] fait partie de la Tour de Londres.

[87] Jean de Gand, duc de Lancaster (1339-1399).

[88] Lawrence Shirley, lord Ferrers (1720-1760); ivrogne dégénéré qui fut traduit devant un tribunal de nobles et fut pendu à Tyburn.

[89] la ville était divisée en 26 quartiers gouvernés par un échevin élu par les propriétaires de la paroisse. Le maire présidait aux élections. *Guide de l'étranger*, p.341.

[90] Thomas Payne (1739-1799); libraire.

La Valette (1707-1763); jésuite; envoyé en 1741 en Martinique; nommé en 1754 supérieur général de toutes les missions d'Amérique du Sud; il était poursuivi pour dettes par les banquiers, les Lionci, qui avaient prêté et perdu de l'argent dans les spéculations des jésuites aux Antilles. Lalande s'intéressa à la question et en parle dans le *Journal*, voir n. 139. Dale Van Kley, *The Jansenists and the expulsion of the Jesuits from France* (New Haven, London 1975), pp.90 ff.

[91] Augusta de Saxe Gotha (1719-1772); elle tenait sa cour à Leicester House.

M. Lescalier. J'y ai trouvé M. Des haies et M. de la Rochette, M. de Vaubicourt.

Mercredi 13 avril.

J'ai été à Greenland Dock près de Deptford voir le chantier de M. Randal, où l'on construit un vaisseau de soixante-quatorze canons. Le bois m'a paru d'un plus petit échantillon, mieux taillé, mieux assemblé. Il n'y a presque point de fer dans les couples.

J'ai dîné chés M. Simon avec M. Blaquiere, avec M. Bernard ministre de l'église de Threadnele Street qui est de Newchatel et M. . . genevois, qui retourne à Genève.

M. Simon a voüé que la principale cause de la guerre avait été d'arrêter le progrès de la marine dont on s'occupait beaucoup en France, et dont on parlait trop magnifiquement dans nos harangues et dans nos livres. Les petites usurpations du lac Champlain servirent de prétexte.

M. Silhouette a passé huit ans chés M. Simon.[92] Il était occupé dans la comission du tabac; il travaillait au contoir, il étudiait sans cesse et faisait des remarques sur tout.

Le P[ère] Courayer[93] de Ste. Geneviève loge chés M. Roussel, quincaill[i]er, tout pres de moi. Il se tient beaucoup à Kensington. Il a plus de quatre-vingts ans. Il est docteur d'Oxford à cause de son livre sur la validité des ordinat[ions] anglicanes; cela n'empeche pas qu'il ne soit catholique, mais il dit le *stupide* dogme de la transsubstantiation.

Les non-conformistes diffère[nt] des anglicans en ce que les premiers ne reconnaissent point d'évêques, et n'ont point une liturgie si approchante du catolicisme. Les presbyteriens d'Ecosse sont comme les non-conformistes, mais beaucoup plus attachés au dogme, à la revelation, à la prédestination, plus severes, ils ont des synodes pour élire leurs ministres.

[92] un Antoine Simon (1736-1794), fut décapité pendant la Révolution; c'était peut-être le fils de Pierre Simon, financier et propriétaire d'une firme importante.

Nous savons qu'Etienne de Silhouette (1709-1767) séjourna en Angleterre comme jeune homme pour y étudier les finances. Plus tard, grâce à mme de Pompadour, il fut nommé en 1759 contrôleur général des finances. Il s'attaqua aux privilèges des nobles et devint extrêmement impopulaire. Le terme 'silhouette' symbolisait un homme sans substance; plus tard, ce terme prit son sens moderne.

[93] Pierre-François Le Couroyer (1682-1776); chanoine de Sainte Geneviève; en 1723, sans nom d'auteur, il, publia un ouvrage où il soutint la validité des ordinations anglaises; attaqué, il s'en déclara l'auteur en 1724; il se retira à Londres vers 1732, où il reçut le canonicat d'Oxford; il n'abandonna jamais la communion romaine.

J'ai remis à M. Hanquet[94] la lettre de ch[ange] de M. le prés[ident] Sarron pour l'instrumen de M. Bird afin de le recevoir Jeudi 14.

J'ai déjeuné chés M. Vaillant. J'ai été voir M. des Haies, député de la Guad[eloupe] dans *Dean* Street vis-à vis la Couronne. J'ai été dîner à la Mittre où M. Knight[95] nous a conduit, M. Short et moi, trois sh un pen, et dela à la Société royale ou l'on a fait rapport de mes certificats pour être affichés pendant dix semaines.

J'ai été chés M. Whiston libraire, fils cadet du célèbre astronome. Il m'a fait voir deux vol[umes] de la vie de son père mort en 1752, ecrits par lui-même.

J'ai été chercher les catalogues de MM Baker, Davis, Wilcox.

J'ai été chés M. Watkins où j'ai vû un *odometre* composé d'une grande roüe qui avec le cadran et les eguilles peut mesurer douze mille en yards, poles et furlongs.[96] Il vaut environ cinq gn. Il y en a de plus petits pour les dames. J'y ai vû aussi une petite machine electrique fort portative de sept guinées avec tous les ustenciles.

J'ai été à la Société Royale où j'ai vû M. Wilson, M. Murdoch, M. Edwards, les portraits de Flamstead, Brounker, Folkes, Sloane, Newton, Macclesfield, Williamson.[97]

J'ai reçû le 13 la lettre de ma mere du 24 mars qui me mande qu'elle a donné deux mille livres à M. Navier pour M. de Varenne.

Le 14 avril est le premier jour de bien beau temps et de chaleur que j'aie eu à Londres.

M. Moivre disait que si Dieu voulait accorder l'immortalité aux hommes la Ch[ambre] des Communes s'y opposerait pour ne pas faire tort aux apoticaires, parce qu'en effet on y observe trop les interests particuliers, lors même qu'ils sont opp[osés] aux int[érêts] publics. C'est ainsi qu'à Paris on n'a pas deffendu les epées a cause des fourbisseurs et des ceinturoniers.

94 Hanquet (? Hainguet); banquier.

95 Godwin Knight (1713-1772), F.R.S.; bibliothécaire du British Museum; rival de John Canton et de ses aimants artificiels.

96 Watkins (?), opticien.

97 Richard Wilson (1714-?), F.R.S.; peintre; créateur du 'paysage anglais'; un des premiers membres de l'Académie royale.

Patrick Murdoch (?-1774), F.R.S.; élève et ami de Colin Maclaurin. 'Trigonometry abridged', *Philosophical transactions* (1748), xlviii.

John Flamsteed (1646-1719); fonda l'Observatoire de Greenwich.

lord Brouncker (1620-1684); un des fondateurs de la Royal Society.

Nous avons appris que le 6 avril l'Opéra de Paris et une partie du Palais Roy[al] a été brulé.[98] (de même le 8 juin 1781).

Le 13 il y a eu une assemblée des onze commiss[aires] nommés pour la découv[verte] de M. Harrisson. Ils ont deliberé qu'il fallait avant de recevoir les cinq mille li sterl que M. Harrison fit trois montres et qu'on les éprouva par un voyage de la Jamaïque; il a été ce matin se plaindre au *Speaker* de cette difficulté. M. Short fut le seul qui s'y opposa. Il y avait Milord Morton, Milord Willoughbi, M. Scott,[99] M. Commyn, etc.

Le vendredi 15.

Déjeuné avec m. de Beaumons;[100] promener à Kinsington[101] où nous avons vu le beau gazon qui entoure le bassin du côté de Londres, et que l'on voit de dedans la Salle Cuba. La gallerie où étaient les tableaux que l'on vient de transporter à Queen Palace est belle. L'escalier est fort bien peint, Il y a une suite de portraits de rois depuis Henri VIII. Le hide park que l'on traverse pour y aller est fort agréable pour se promener en carrosse et a cheval. Le Roy actuel ne se plaît pas à Kinsington.

Le soir j'ai été à Chelsée voir l'hopital ou il y a environ cinq cents soldats en rouge et de là j'ai été à Ranelagh.[102] Ranelage est une salle ronde qui a cinq cent cinquante pieds de circ[onférence] intérieure, soixante fenetres, cinquante-deux loges à chaque étage éclairée par quatre cents lumières qui sont toutes dans des bocaux de verre. Une quadruple cheminée au milieu, tout est blanc, doré, propre, naté, on a ouvert le lundi 4 et cela ne durera que jusques à l'ouverture de Vauxhall.

J'ai été surpris du coup d'œil. Il y a plus de mille personnes; on y prend du thé, du café, du beurre, etc. Les garçons sont numérotés; la musique instrum[entale] et vo[cale] de quart en quart d'heure, une cheminée quadruple qui ressemble a un autel environnée de bancs et de tables, des réchauds a l'esprit de vin qui sont sur les tables; les femmes

[98] l'Opéra s'était installé à la salle du Palais royal en 1673. Cette salle fut brûlée en 1763 et de nouveau en 1781 comme l'ajoute Lalande en révisant son texte.

[99] George Lewis Scott (1708-1780); précepteur du prince de Galles; élève de Moivre; révisa le *Dictionary of arts and sciences* (Londres 1753) de E. Chambers.

[100] Beaumons: Eon de Beaumont; voir note 75.

[101] Kensington; le palais fut reconstruit en 1704 selon les dessins de Wren; la salle Cuba ou Cupola fait partie du Palais. Les jardins étaient d'abord assez modestes. La reine Anne, puis la reine Caroline diminuèrent Hyde Park pour ajouter du terrain aux jardins qui devinrent à la mode. William Kent, *An encyclopaedia of London*, pp.343-44 et 442.

[102] fait maintenant partie de l'Hôpital royal de Chelsea; la rotonde fut construite en 1741 et l'amphithéâtre mesurait 180 pieds de diamètre.

sans chapeau, les hommes sans épée. La musique finit à dix h, mais il y a des gens jusques après minuit. On donne en entrant deux sh et demi, et pour y aller deux sh de jour en carrosse. On y va aussi par eau jusqu'-aux pieds du jardin de Renelagh et de l'hôpit[al] de Chelsée d'ou il y a une porte pour entrer. Jardins illuminés dans un clair de lune sont délicieux.

Samedi 16 avril.

J'ai vû le père Courayer; quatre-vingt-deux ans, il y en a quarante-six qu'il est à Londres. Il obtint un passe[port] pour M. Pingré.[103] Son frere fut exclus de l'abbaye de Ste. Geneviève à cause de lui.

Chés Milord Morton qui me menera au parl[emen]t mardi prochain.

Le soir a l'abaye de Vestminster ou j'ai vû Milton, Ben Jonson, St. Evremond, Conduitt qui avait épousé la nièce de Newton, Casaubon, Shakespeare, Wales à qui la princesse de Galles dont il était aumonier a fait faire ce monument, Prior.

Le soir souper chés M. Pringle. J'ai écrit à MM. Fargès, Lorgerie, Bourset, Montmirail, Mad. Mayer[104] par M. de *Mechel*, graveur, rue St. Honoré dans la maison de M. Lenoir, notaire.

Dimanche 17.

Le matin j'ai vû M. Duclos ou le P[ère] de la Valette avec La Peyre chirurgien. J'ai été à la messe dans Dean Street dans une petite chap[elle] du résident de Venise qui ressemble a une petite écurie. J'ai été déjeuner à Maribone, voir M. Bontems, revenir chés M. Mallet. De là à S. Clement, Newchurch, S. Dunstan, S. Paul, S. Steven in Valbrugh. Revenu chés M. Dutens où j'ai pris une notice des poètes actuels de l'Angleterre: Mason, Mallet, Gray, Churchill, Lloyd, Dodsley, Young, Whitehead, Coleman, Murphy, Humes.[105]

De là chés M. Lespinass qui nous a montré beaucoup d'instruments de phisique et de geométrie. Il nous a parlé de M. Martin opticien, qui fait des cours de phis[ique] ridiculement. M. Mainbrai est riche; il a un bon

[103] Alexandre-Guy Pingré (1711-1796); astronome; Académie des sciences; chancelier de l'Université et bibliothécaire de Sainte Geneviève. *Observations sur le passage de Mercure* (Paris 1753).

[104] Mayer; c'était peut-être la femme de Tobie Mayer, un astronome, qui mourut en 1762.

[105] William Mason (1725-1797); David Mallet (1700-1765); Thomas Gray (1716-1771); Churchill: voir note 55; Robert Lloyd (1733-1764); Robert Dodsley (1703-1764); Edward Young (1684-1765); William Whitehead (1715-1785); George Colman, the elder (1732-1794); Arthur Murphy (1727-1805); lady Grizel Hume (1665-1746?).

emploi à l'accise. Il est dégoûté d'en faire davantage. Il abandonne la phisique. Il n'a pas même voulu faire voir ses instruments à M. Franklin.[106] Musique de verres, très agréable et tres sonore qu'on accorde avec plus ou moins d'eau.

Il nous a fait voir divers instr[uments] avec lesquels il a fait les experiences pour les jeunes princes. Il m'a dit que les barreaux de M. Knight dont il ne dit point la methode passent pour être faits sur la méthode de M. Servington Savery qui se trouve dans les *Trans*[*actions*] *philos*[*ophiques*] il y a fort longtemps.[107]

Il voulait avoir une récompense de mille pièces lorsque Canton publia son traité des ai[mants] artif[iciels] où il employa la méthode de M. Michell sans le citer.[108]

M. Bontemps a déjà onze jours d'inoculation et rien ne paraît. La garde dit que cela va souvent à seize jours. Ses deux plaies sont encore en suppuration. On est toujours persuadé en Angleterre qu'on n'a pas la petite vérole deux fois quoiqu'il y ait quelques personnes qui le prétendent.

On m'a promis de me faire voir la salle de musique de Mad. Cornelie, où des seigneurs font une souscr[iption] de cinq guinées pour vingt concerts par an, le jeudi de quinze en quinze jours dans Soho.[109]

M. Vaillant m'a parlé des assurances pour le feu; qui pour une maison de trois mille liv sterling ne coûte quelquefois pas sept shellings. Assurance pour la vie, elle coûte chaque année cinq liv sterl mais on en procure cent à ses héritiers. Il est cette année un des directeurs. La liste des associés tient trois pages folio.

Lundi 18.

Déjeuner chés le docteur Bevis qui m'a donné une copie plus correcte des observations de ibn Junis.[110] Nous avons été chés M. Neal[111]

[106] Benjamin Martin (1704-1782); opticien, artiste et mathématicien.

Mainbrai: Demainbray ? (1710-1782). Je n'ai pas pu retrouver l'anecdote sur Franklin.

[107] Thomas Savery (1650?-1715); ingénieur qui perfectionna une pompe à vapeur.

[108] John Canton (1718-1772); astronome. *A method of making artificial magnets without the use of natural ones* (London 1751). Traduction en français par P. Rivoire (s.l. 1752).

[109] je n'ai rien trouvé sur cette salle de musique.

[110] Ibn Junis: Ali Ibn Abd Al-Rahman, dit Ibn Yunus; grand astronome musulman. *Le Livre de la grande table Hakémite*, 883. Traduit de l'Arabe par le citoyen Caussin (Paris 1804).

[111] George Neale (?-?); chirurgien. *Observations on the use of the agaric, and its insufficiency in stopping haemmorrhages after capital operations* (London 1757).

pour lui porter la lettre de M. Morand. Nous avons été voir l'entrée de l'ambassadeur de Venise (depuis la Tour jusqu'à Sommerset House) ce sont les seuls ambassadeurs qui fassent des entrées.

Chés M. Wilson avec le docteur Maty.[112] C'est le premier électrisant d'Angleterre. M. Watson passe pour être un plagiaire, celui-ci a du génie. Il a imaginé des expér[iences] pour prouver que l'air s'oppose à l'électricité, qu'il y a une atmosphère dans les corps électrisés en moins; que la fumée n'est repoussée que parce qu'elle est plutot électrisée que les autres corps legers. Il en est de même de l'air qu'on sent souffler.

Il m'a dit que M. Nollet n'entend point l'électricité,[113] que M. Le roy n'a point encore assez écrit pour faire voir ce qu'il sait et qu'il lui annonce depuis longtemps une longue lettre qui ne vient point. Il a écrit depuis quatre mois à l'abbé Nollet une longue lettre pour être lue à l'académie, mais il n'en a rien fait.

M. Simmer est à la campagne. C'est un homme de cinquante ans; depuis qu'il s'est marié il ne fera pas grand'chose, il a de l'esprit mais il n'a pas assez de connaissances électri[ques]. Il s'est trop pressé de tirer des conclusions des faits qu'il avait obtenus.

M. Wilson est persuadé qu'on peut exhauster ou condenser a volonté le fluide élec[trique] d'un même corps et parcons[équent] l'élect[riser] en plus ça et en moins.

Deux bâtons de cire d'Esp[agne] dont l'un a un shelin au bout; si vous passés le chelin a plat par sa surface polie sur l'autre baton, vous électrisés le shelin en plus. Si vous passés soñ arête vous l'électrisés en moins. Il croit que d'une semblable différence proviennent les variétés que l'abbé Nollet dit avoir obs[ervées] en se servant de la cire. car pour lui il a des effets très constants.

En 1764 M. Wilson a perdu presque tout son bien par la banqueroute d'un juif a qui il l'avait confié.

Mardi 19.

J'ai été le matin chés M. Dutens consulter le grand recueil des statuts

[112] Benjamin Wilson (1721-1788), F.R.S.; peintre, chimiste et physicien. Il publia un *Treatise on electricity*, 8 vols (London 1750). Il visita Paris en 1757 et y répéta quelques unes de ses expériences.

[113] Jean Antoine Nollet, abbé (1700-1770); Académie des sciences; F.R.S.; précepteur des enfants de France. Il inaugura au Collège de Navarre un enseignement de physique expérimentale qui eut un énorme succès. Il en édita les éléments dans ses *Leçons de physique expérimentale* (Paris 1743) et *L'Art des expériences* (Paris 1770).

d'Anglet[erre] au sujet du blé. Je suis revenu chés le libraire de Picadilli acheter de vieux livres pour vingt et un shell. ou vingt-quatre li.

J'ai été chés Milord Morton pour aller au parlement ou le Roy doit venir, pour terminer les seances, nous l'avons rencontré en chemin.

J'ai été dîner avec M. Déon, M. de Nivernois étant parti aujourd'hui pour Bath.

Mercredi 20.

J'ai touché une lettre de change de vingt-six li, treize sh, quatre de M. de Sarron et comme vingt-cinq guinées ne valent que vingt-six li, cinq shillings on m'a donné avec les vingt-cinq guinées, huit sh, quatre p.

J'ai été voir M. Russel, M. Blaquiere, M. Duval, M. Mavit, M. Simon, M. Hainguet fils du ch[evali]er Hainguet, banquier dans Fentchurch Street, qui demeure chés M. Simon et qui m'a promis un billet pour aller demain a un bal dans la cité.

Je suis venu chés M. Bird, M. Vaillant, et de là à l'assemblée de la Société des Arts où j'ai vû M. Templeman, M. Parsons et M. Wyche qui m'a proposé pour *membre* correspondant de cette société.

Elle est établie depuis 1753. On donne sa voix en élevant la main et le président compte les mains levées pour oüi et pour non. On ne propose point la décision que tous ceux qui ont à parler n'aient fini leurs discours. On a agité la question si il fallait admettre une pompe à faire une deuxième expérience, et si il fallait recevoir un certificat qui est venu trop tard. J'ai vû l'exhibition des tableaux qui s'y fait depuis plusieurs jours.

M. Vaillant m'a montré une lettre de M. Guerin du 9 qui lui recommande M. Camus et M. Berthoud qui doivent partir dans huit jours en poste d'où il suit qu'ils peuvent arriver aujourd'hui ou demain. M. Duclos doit aussi arriver au premier jour.[114]

J'ai envoyé à M. Duval des énchantillons de ratines et à M. de Sarron une quittance de M. Bird ainsi concue:

20th avril 1763. Rec'd of M. de la Lande twenty-five guineas being half the payment for a quadrant of eighteen inches radius which said quadrant I promise to deliver to his order with all convenient speed upon the payment of twenty-five guineas more. John Bird.

[114] Charles Duclos (1704-1772); Académie française; historiographe du roi; visita l'Angleterre en 1763. Le professeur Green confond le père La Valette qui se cachait sous le nom de 'Duclos' et Charles Duclos.

Le même jour 20 j'ai déjeuné chés M. Mendès D'acosta, juif portugais, parent de M. Salvador et bibliothecaire de la Soc[iété] Royale à qui j'ai porté les livres que j'avais pour la Société Royale et qui m'a fait voir le mauvais état du museum.[115] Il y a un serpent de vingtcinq pieds, le toit de wallis[116] sans clous ni chevilles. Le catalogue imprimé de la bibl[iothéque] de Norfolk ou d'Arundel et le catalogue mss. des livres acquis, que M. Folkes fit lui-même en 1743.

Jeudi 21

J'ai été chés M. Bontemps, à Maribone: a Vauxhall par terre, et revenu par eau pour six sh; je n'en devais donner que trois. J'ai vû l'entrée des ambass[adeurs] de Venise passer devant mes fenetres pour aller à St. James.[117]

Je me suis fait friser. J'ai été à la Société Royale avec M. Henri, on y a affiché mon certificat. De là j'ai été prendre M. Hainguet pour aller au ball dans Haberdasher Hall, Wood Street près de Chepside. C'est une souscrip[tion] d'environ deux cents personnes à trois guinées chacun. On y va tous les jeudi jouer et boire le thé, et l'on donne quatre grands bals dans l'année. Il m'en a coûté de cinq h à une h, huit sh et demi.

Vendredi 22.

J'ai été voir M. Walm[e]sley l'un des quatre év[êques] catholiques dans Bond Street, la deuxième porte après Brook Street. Il était avec M. Avard, géneral des ben. anglais qui va à Paris faire sa visite. Chés Micis Crowe milliner.

J'ai été chés M. Maskelyne, Madox Street, chés M. Blanchet, milliner où demeure son frère. J'y ai déjeuné. J'y ai resté jusqu'à midi.

Chès M. Short qui m'a mené chès Harrisson voir ses trois pendules et sa montre des long[itudes]. J'ai lû l'acte du parlement par lequel il

115 Emmanuel Mendes da Costa F.R.S. (1717-1791); naturaliste et conchyliologue; *Elements of conchology, or an introduction to the knowledge of shells* (London 1776).

116 John Wallis, 1616-1703, professeur Savillian de géométrie à Oxford, avait perfectionné une méthode selon laquelle on articulait des planches les unes aux autres de manière à présenter une longue surface sans appui. Un des modèles de Wallis se trouvait au musée de Charles II. C'est probablement le 'museum' dont parle Lalande. Voir Harold F. Hutchinson, *Sir Christopher Wren* (London 1976).

117 'Monday, April 18th: . . went to the Tower to see the landing of the Venetian ambassadors. It was very elegant to see the fine barges; and then the processions of their coaches, music and attendants was exceedingly splendid.' Boswell, *London journal 1762-1763*, éd. F. Pottle (New Haven 1951), p.242.

doit avoir cinq mille li Sterl et la demande des commiss[aires]. qui élude absolument le bienfait de l'acte.

J'ai été voir M. Parsons tout près de là. Il m'a dit que je serais élu mercredi prochain à la Société des Arts. J'ai été voir Grais Inn, Lincolns Inn, chés Osborne acheter Smith pour M. Bailli.[118]

Le soir j'ai causé avec M. Walm[e]sley. J'ai été voir M. Loten, Hollandais, à qui j'étais adressé par M. Levier. Il va passer l'hyver prochain aux îles d'Hières. J'ai été voir Grosvenor Square.

Samedi 23.

Le matin chés M. de la Rochette, M. Wiche, Great Ormond Street, M. Vaillant; acheter Simpson et les *Zodi*[*aques*] *et Planis*[*phères*] de Senen à trois shillings la feuille; chés M. Bowles in S. Paul Churchyard. Dîner chés M. Déon de Beaumont. M. Duclos est arrivé à quatre heures et Mad[ame] la Comtesse de Boufflers.[119]

J'ai été me promener avec M. Duclos. Il loge dans Picadilly à vingt-six shillings par sem[aine], deux petites pièces, et un grenier pour son domestique. Nous avons dîné avec le beau frère de Mademoiselle Stephens qui a été consulté avec M. Pringle par M. Senac sur la malad[ie] de Mad. Victoire qu'on juge être la gravelle.[120]

J'ai été le soir chés M. Dutens. Nous avons examiné les estampes de Don Quixote.

Dimanche 24 avril 1763.

J'ai été à la chapelle de Bavière, Warwick Street Golden Square. J'ai été avec M. Duclos à S. Paul et au pont de Londres. J'ai été à la Cour où M. Hawkins m'a fait conaître M. Fox, le Duc de Malborough, le M[arquis] de Granby, le colonel Draper qui a pris Manille,[121] Miladi Carteret, femme du maître des cérémonies, femme très jolie et très bien mise.

[118] Jean Sylvain Bailly (1730-1793); Académie des sciences; Académie française; astronome, puis homme politique; publia *Histoire de l'astronomie ancienne* (Paris 1755), *Histoire de l'astronomie moderne* (Paris 1779-1782), décapité pendant la révolution.

[119] Charlotte, comtesse de Boufflers (1725-1780?); salon littéraire; amie de Rousseau, elle le mit en rapport avec Hume de qui elle avait fait la connaissance au cours de ses séjours en Angleterre.

[120] Jean-Baptiste Sénac (1693-1770); physicien; premier médecin du roi.

mad. Victoire: Louise Marie-Thérèse de France (1733-1799); appelée d'abord mme Quatrième, puis à partir de 1745 mme Victoire.

[121] sir William Draper (1721-1787); il commanda les troupes qui s'emparèrent de Manille en 1763; surtout connu par la polémique qu'il soutint contre les *Lettres* de Junius.

J'ai été dîner avec M. Déon et M. Duclos. Nous avons lu divers passages de Smolet sur les campagnes du gén[éra]l Wolf, 1759.[122]

Le soir j'ai été chés Madesmoiselle Dutens où nous avons parlé de la Cour et du gouvernement. M. de Malborough a quitté la place de chamberland par pitié pour le Roy qui était très embarrassé pour contenter diverses personnes dont il avait besoin.

J'ai lû dans le Weekly Magazine une lettre diabolique contre Milord Bute et les Ecossais attribuée à M. John Cesar Wilkes mais qu'il a désavoüé par une lettre très formelle. On parle de la pauvreté et de la galle des Ecossais.

Lundi 25.

Au museum avec le doct[eur] Maty. J'ai examiné l'instrument de Sisson que M. Maskelyne a porté à Ste. Hélène. J'ai vu les plus anciennes éditions qui soient à la bibli[othèque], 1460. Il y en avait quatre dans la biblio[thèque] de Sloane qui précédaient 1457 mais le Comte de Pembrock les lui avait accrochés et l'on n'a jamais pu les ravoir. *Maittaire* en parle dans ses annales typograph[iques].[123] Il ya aussi un exemplaire du *Speculum Salutis* aux Celestins de Paris et un à la bibli[othéque] du Roy à Paris.

J'ai remarqué dans le cabinet un très gros scorpion des Indes, Cobra di Capello, qui a la tête large, petit crapeau en deuil, noir et bl[anc].

J'ai parcouru pour M. Patt les hist[oires] de Londres de Maittland et de Stow mais je n'y ai rien trouvé sur les statues des Rois.[124]

Je suis revenu voir le P[ère] de la Valette et dîner chez M. Déon avec M. Duclos. J'ai été au café de Slaughter où nous avons lû le *Public Ledger*. Il y a la requête d'un amoureux à une dame qui était jeudi dans une loge, avec le rendès-vous. On avertit que tous les habitants d'un Borough, amis de M. . . . trouveront des carrosses pour aller à l'élection. On en envoie quelquefois à l'extremité de l'Angleterre.

Le North Briton qui se plaint des discours du Roy et de ce qu'on a abandonné le Roy de Prusse:

[122] le général Wolfe (1727-1759), battit Montcalm à Québec en 1759. Tobias George Smollett (1721-1771), raconte cette campagne dans son *History of England from the Revolution in 1688 to the death of George II* (London 1761-1765), édition de 1805, vi.51-82.

[123] Michael Maittaire (1668-1747); typographe; né en France de parents protestants qui se réfugièrent en Angleterre; tuteur de Stanhope, fils de Chesterfield.

[124] William Maitland (1693-1757), *The History of London from its foundation by the Romans to the present time* (London 1739).

John Stow (?-?); historien, *The Chronicles of England* (London 1580).

The King of England is only the first magistrate of this country but is invested by law with the whole executive power. He is, however, responsible to his people for the due execution of the royal functions in the choice of ministers, etc. equally with the meanest of his subjects in his particular duty.

Cependant M. Wilkes est dit-on nommé gouverneur du Canada. M. Grenville est déjà démis de la trésorerie.[125]

Mardi 26.

J'ai lû la théorie des réfractions de Simpson.[126] J'ai acheté trois porte lunettes à cinq sh et demi la pièce, ou six li, six s de France.

J'ai écrit à M. de Fouchi pour qui j'ai acheté Gardiner trente-six li, le Zodiaque et Planisphère treize li quatorze sh et une chaîne douze li. . total – soixante et une li, quatorze sh.[127]

M. Diemar m'a dit qu'il y a des boutons de pinchebec depuis deux sh la douzaine jusqu'à cinq mais il était embarrassé de choisir.[128]

Au museum avec M. Duclos et M. Henri; fungite ou madrepore rond de trois palmes de diamètre. // mousedeer bicornes – fossiles d'Irlande – noires, longues et recourbées dont on ne connaît pas l'analogue.[129]

J'ai été voir M. Short, M. Vaillant. J'ai vû la Bourse, haut et bas; là en Brick Lane jusqu'au bout dans les chams; *Bethnal Green* Church où il y a beaucoup de Français, fabriquans en soye, qui ont jusqu'à quarante mille liv ster de bien, je suis revenu par Soreditch dans Goodman Field, et ensuite à Wapping d'où je suis revenu par eau.

M. Vaillant m'a dit que Milord Bolingbroke appelait Pope un coquin. Il avait fait faire furtivement une édition des lettres sur l'histoire pour la débiter quand Milord serait mort. Son Essai sur l'homme lui avait été donné en prose par Milord Bolingbr[oke] à la suite de quelques convers-[ations] avec Arbuthnot.[130]

Johnson est un gros paisan qui boit du thé la nuit et le jour, qui n'épargne personne, qui travaillait pour les libraires.[131] Il battit Osborne.

[125] George Grenville (1712-1770); nommé Lord of the Treasury en 1747 et déposé en 1755.

[126] Thomas Simpson (1710-1761), F.R.S.; professeur de mathématiques à la Royal Academy de Woolwich. *The Doctrine and application of fluxions* (London 1750).

[127] Grandjean de Fouchi (1707-1788); astronome; Académie des sciences; devait aller au Pérou avec La Condamine; sa mauvaise santé l'en empêcha.

[128] E. M. Diemar (?-?). *The History and amours of Rhodope* (London 1780).

[129] mousedeer: chevrotain.

[130] John Arbuthnot (1667-1735); docteur et ami de Pope avec lequel Voltaire fréquenta lors de son séjour en Angleterre, 1726-1728.

[131] Samuel Johnson (1709-1784); auteur de la *Vie des poètes anglais* (1779-1781) et

Il a deux cents pièces de pension du Roy. Il a mis dans son Diction[naire] au mot Alias, Mallet *alias* Murdock comme dans les procédures des criminels qui ont changé de noms. Il est fort ami de Garrick.[132]

M. Short m'a entretenu longtemps de la manière de rendre les miroirs de ses télescopes aussi parfaits que nous les voyons. Il m'a donné la brochure de M. Harriss[on] faite par M. White à Foundling Hospit[al] et les calculs par M. Short. Il m'a fait voir que l'obs[ervation] du 2 nov-[embre] est défectueuse de l'aveu même de celui qui l'a faite, M. Robertson.[133]

Mercredi 27.

J'ai été chés M. Knight (mort en 1772) avec M. Maty et M. Morton depuis 8 h jusqu'à 1 h. Il m'a fait voir toutes les expér[iences] de magnétismes qui sont dans la 'Collection of Some Papers' of the Phil-[osophical] Trans[actions] 1746-1747, etc. qu'il m'a donnée.[134] Il m'a dit qu'il avait une mine de magnétisme par un grand apparatus qui tient toute une gallerie de plus de 30 pieds, pour lesquels il a gâté son appart[ement.] Il ne l'a jamais fait voir à aucun étranger qu'au duc de Noia qui lui demanda s'il ne pourrait pas en faire autant. Il lui répondit: 'Si je le croiais je ne vous l'aurais pas montré.' Il commença à la manière de *Saveri* décrite dans les Trans[actions] philos[ophiques.]

Il m'a fait voir un aiman[t] dont les deux extr[émités] sont pôles nord et le milieu poles sud, il suffit de l'avoir tenu entre deux barreaux par des pôles de même dénom[ination] qui se repousseraient et de déterminer le courant à sortir en S par la friction d'un autre barreau aimanté. Il y en a de ronds qui tout autour sont pôles nord et au milieu, ou centre, sont pôles sud – ou attirent le côté sud d'une a[i]guille [voir planches 1-2].

L'inclinaison dans ce pays-ci est de soixante-quinze degrés vers le midi. Si l'on élève des barres de fer dans ce sens et qu'on frotte de haut en bas par un bout et de bas en haut par l'autre, on aimante par un petit barreau. Plusieurs barreaux réunis ensemble font mieux qu'un seul qui

du *Dictionnaire de la langue anglaise* (1755). Il s'était établi dans un appartement à Inner Temple Lane depuis quelques années.

[132] David Garrick (1716-1779); acteur, metteur en scène et auteur dramatique; il était le fils d'un réfugié français et savait le français.

[133] John Robertson (1712-1776); mathématicien.

[134] 'A collection of the magnetical experiments communicated to the Royal Society by Godwin Knight, M.B., F.R.S., in the years 1746 and 1747', *Philosophical transactions*, Appendix to vol. xliv, p.656.

leur équivaudrait en masse parce qu'ils peuvent être d'une trempe plus dure, ce qui est préférable pour le magnétisme.

M. K[night] m'a fait voir une masse d'aiman dont les irrégularités expriment bien celles de la terre. Il y a des parties plus dures, plus magnétiques qui font comme des pôles différens. C'est ainsi qu'entre Madagascar et l'Affrique il y a un pôle magn[étique]. L'aguille horizont-[ale] est indifférente et elle tend à être vertica[le] sans doute par des irrégularités inter[nes]. Le creux de la Mer Atlantique, le sable ferrugineux d'Affrique et d'Am[érique] qui est en grande abondance peut produire de grandes diff[érences]; et l'amiral Hawe s'en aperçut à ses boussoles, ce qui le fit descendre à terre, et luy fit trouver ce sable ferrugineux qu'on se propose d'exploiter.[135]

L'acide vitriolique surabondant, qui est absorbé par d'autres matières et qui abandonne les mines de fer, produit leur maturité, et de la semblent venir les variations séculaires de la déclin[aison] de l'aiguille.

Les vari[ations] diurnes obs[ervées] par M. Canton viennent de ce que le magnétisme est plus fort en hyver qu'en été, le feu détruit la vertu magnétique. Tout cela devait faire croire qu'il y avait des var[iations] diurnes occas[ionnées] par la chaleur. Cependant M. K[night] n'est pas persuadé que celles de M. Canton en proviennent. Tous les corps d'une maison, les briques, etc. ont un peu de magnétisme. Il rend justice à Michel dont les procédés lui appartiennent et sont véritablement de lui.

Il m'a fait voir une composition ou pâte qui reçoit et conserve beaucoup plus de magnétisme que les aimans nat[urels] mais il n'est pas assez assuré du succès constant pour oser la publier.

Le soir (27) j'ai été voir M. Watkin et j'ai été à la comédie de Convent Garden dans le pit à trois sh avec M. Henri et M. Poirier, ami de M. Guerin.[136] On a joué *The Busy Body*, a Comedy written by Mrs. Susanna Centlivre, tirée de l'Etourdi de Molière. M. Woodward, excellent acteur, a joüé Marplot. Beaucoup de gens le préfèrent à Garrick pour le comique. M. Shuter a très bien joüé Sir Francis Gripe, et Mles. Macklin et Miller pour Miranda et Isabinda. Il y a eu beaucoup de changements de décorations et des danses très agréables. On a joué la

[135] Edward baron Hawke (1705-1781); premier Lord de l'Amirauté; surtout connu pour le rôle qu'il joua dans la conquête du Canada en 1759. Dans sa biographie de Hawke, Ruddock F. Mackay mentionne seulement un voyage sur la côte ouest de l'Afrique. *Admiral Hawke* (Oxford 1965), p.6.

[136] Green, p.143, identifie M. Henri comme 'Joseph Harris'; une erreur.

pantomime d'Arlequin Statue; [137] fini à dix heures, commencé à six heures et demie.

La salle est plus large mais plus courte que celles de Paris. On entend mieux les acteurs. Leur jeu est plus varié, plus libre, plus caractérisé. On a beaucoup aboyé, hurlé, crié, jetté des ecorces d'orange et des pommes à un[e] homme dont la figure déplaisait a la gallerie, la gallerie a fait joüer et a fait des remercîments. On a fait sortir les acteurs qui entraient pour avoir le prologue de Woodward.

Le jeudi 28.

J'ai été chés le doct[eur] Bevis qui acheve ses memoires sur les limites du Mariland et de la pensilvanie, entre Milord Baltimore et M. Pen[n], il s'agit de tirer un parallèle de latitude, au nord, un cercle et une tangente a ce cercle par le milieu des fermes pris au midi.

J'ai été voir M. Cole et M. Dimar. J'ai fait des extraits de Fergusson et de Long.[138]

J'ai dîné avec le P[ère] de la Valette, il espère de retourner en France quand toutes les detes seront payées. On a vendu les établissemens de la Dominique deux millions et demi, il a laissé pour huit millions d'habitations toutes detes payées, en 1748 il n'y en avait pas deux. Il avait perdu pour deux milli[ons] d'effets sur la mer au commenc[ement] de la guerre. Il voulait que le P[ère] de Saci empruntat et paya les lettres de change, pour l'y forcer il envoya aux Lionci la permission du Général qu'il avait eue pour emprunter tout ce qu'il jugerait convenable au bien de la mission.[139]

Les Lionci avait cent vingt mille livres a lui quand ils ont manqué, leur bilan le prouve. Il y avait trois ans que le P[ère] de la Valette seul soutenait cette maison-là, bien loin qu'il soit cause de leur banquer[oute].

Le soir j'ai passé une heure avec le P[ère] Couroyer, il m'a parlé des Moraves, secte établie par le Comte Sinzendorf[140] qui mettent tout en commun et ont une lithurgie fort bizarre, mais leurs dogmes n'ont rien

[137] *Busy body*, comédie de Suzannah Centlivre (1667-1723).
Arlequin statue: pantomine classique. On la joue encore au Jardin Tivoli.

[138] James Fergusson (1710-1776), F.R.S.; astronome.
Roger Long (1680-1770); astronome; maître de Pembroke Hall, Oxford. Il y érigea en 1765 une sphère creuse représentant sur sa surface intérieure les mouvements apparents des astres.

[139] les Lionci: banquiers qui prêtèrent de l'argent au père de La Vallette; leur maison de banque fut engloutie dans la faillite des jésuites aux Antilles en 1761; voir note 90.

[140] Nicolaus Ludwig, comte de Zinzendorf (1700-1760).

de particulier, les méthodistes se sont signalés en déclamant contre le relâchement des prêtres, en s'attachant plus strictement au dogme de la prédestin[ation] avec Calvin.[141]

On m'ecrit que M. Camus aura douze mille livres pour son voyage à Londres, à la charge de défrayer M. Berthoud.

Les papiers annoncent un combat de deux Boxers ou gladiateurs à Newmarket pour le 11 may. Il y a de gros paris ouverts. L'un est un faiseur de cloux, l'autre de ressorts de voitures.

Lorsque M. Shebbeare fut mis au pilori, le sheriff faisait la conversation avec lui et son domestique lui tenait un parapluie. Il avait invité dans les papiers tous les garçons imprimeurs à venir se régaler autour du pilori pour crier: Huzza, liberté de la presse! Il avait voulu jetter des doutes sur la naissance et la succession des électeurs d'Hanovre à l'occasion de la C[omtesse] de Konigsmark. Dès lors il était tombé dans les bounds d'un acte de parlement.

M. Wilkes est fils d'un brasseur de Klerkenwell, il a trois mille pièces de rente. Il demeure dans Great George Street sous l'arcade qui va à l'abbaye, on ne croit pas qu'il accepte le gouvern[ement] du Canada, voyant qu'on le craint, il demandera un emploi en Europe. Il est soutenu par Mil[ord] Hardwickt, autrefois chancelier, Mil[ord] Temple.[142] Il est très ami de M. Pitt. C'est lui qui fait le North Briton.

Le Duc de Betfort[143] est venu en hâte dans ce changement de ministere, croyant être fait premier lord de la trésor[erie] mais il est reparti aussitôt. [pp.66-67 manquent dans le manuscrit; probablement une erreur de pagination.]

Le vendredi 29 avril.

At the hospital for the maintenance and education of exposed and deserted young children in Lambs Conduit Fields. On Friday the 29 day of April 1763 at 12 o'clock, at noon precisely, there will be performed in the chapel of the said hospital a sacred oratorio called Messiah composed by George Fredêrick Handel Esq. The gentlemen are desired to come without swords and the ladies without hoops. N. B. there will be no collection. Tickets may be had of the Steward at the hospital at

141 voir D. Dunn Wilson, *Many waters cannot quench: a study of the sufferings of eighteenth-century Methodists* (London 1969).

142 Richard Granville, lord Temple (1711-1779); frère de George Granville, beau-frère de Pitt; premier Lord de l'Amirauté, Lord Privy Seal sous Pitt et Newcastle.

143 John Russell, quatrième duc de Bedford (?-1763); ambassadeur à la cour de Versailles.

Batson's Coffee House in Cornhill, etc., at half a guinea each.[144] M. W[h]ite m'en a envoyé et m'a invité à dîner avec M. Short. J'ai entendu cet oratorio depuis midi jusqu'à trois heures.

J'ai dîné avec M. Watelet qui a été longtemps à Marseille consul d'Anglet[erre] et qui est un des officiers de Foundling Hospital. Le fils de M. Harrisson y était aussi, il nous a fait voir un mémoire des onze articles qu'il a annoncés en divers temps être en état de remplir.

M. White m'a fait voir dix vol[umes] d'oiseaux et cinq de quadrup[èdes] dessinés et peints en grand et couleurs naturelles, beaucoup de plantes, d'arbres, etc., des oiseaux appliqués sur du verre avec leurs plumes, par sa femme et ses enfans.

Samedi 30.

J'ai été avec M. de Vaubicour a la sinagogue des juifs portugais de la tribu de Judas, Bevis market et S. Marian. Nous avons entendu chanter en hebreu; les. . . .sur la tête ou les épaules de chacun; les femmes dans les tribunes en haut, les livres de Moyse, roulés et richement enveloppés; nous avons été a l'autre sinagogue des juifs allemands.

Dîner chès M. Watkins à Charing Cross avec le doct[eur] Bevis. A l'opéra avec Mrs. et Mlle Dutens, *Orione*. Le duc de Nivernois était vis-à-vis de nous avec la belle Mad[ame] Pitt.

On dit que M. Wilkes est a la Tour et M. Churchill a Newgate pour le Nort[h] Briton de samedi dernier, 23 avril, qui est contre le discours du Roi au parl[emen]t.

1 May 1763.

Il continue de pleuvoir et de faire froid depuis quatre jours. Je me suis fait écrire chés M. Makeminet, Mad. de Boufflers in Pall Mall dans la maison de la C[om]tesse d'Yarmouth, maîtresse du feu roy.[145] J'ai été voir M. de Romgould, etc. Milord Macclesfield. Dîner chés M. Russel avec M. Short, M. Bevis, M. Russel son frere, dans Walbrough Street, une cour vis-à-vis l'église. Le soir souper chés M. Pringle où est venu M. Murdoch, etc. Ils étaient presque tous ecossais.

Lundi 2 may

J'ai été avant huit h chés M. Ellicot le fils, Threadneedle Street; chés

[144] *The Messiah* fut d'abord donné à Dublin en 1742. On le donnait chaque année à Londres au bénéfice du Foundling Hospital.

[145] Amelia Sophie, comtesse de Yarmouth (?-1765); femme du baron de Walmoden; maîtresse de Georges II.

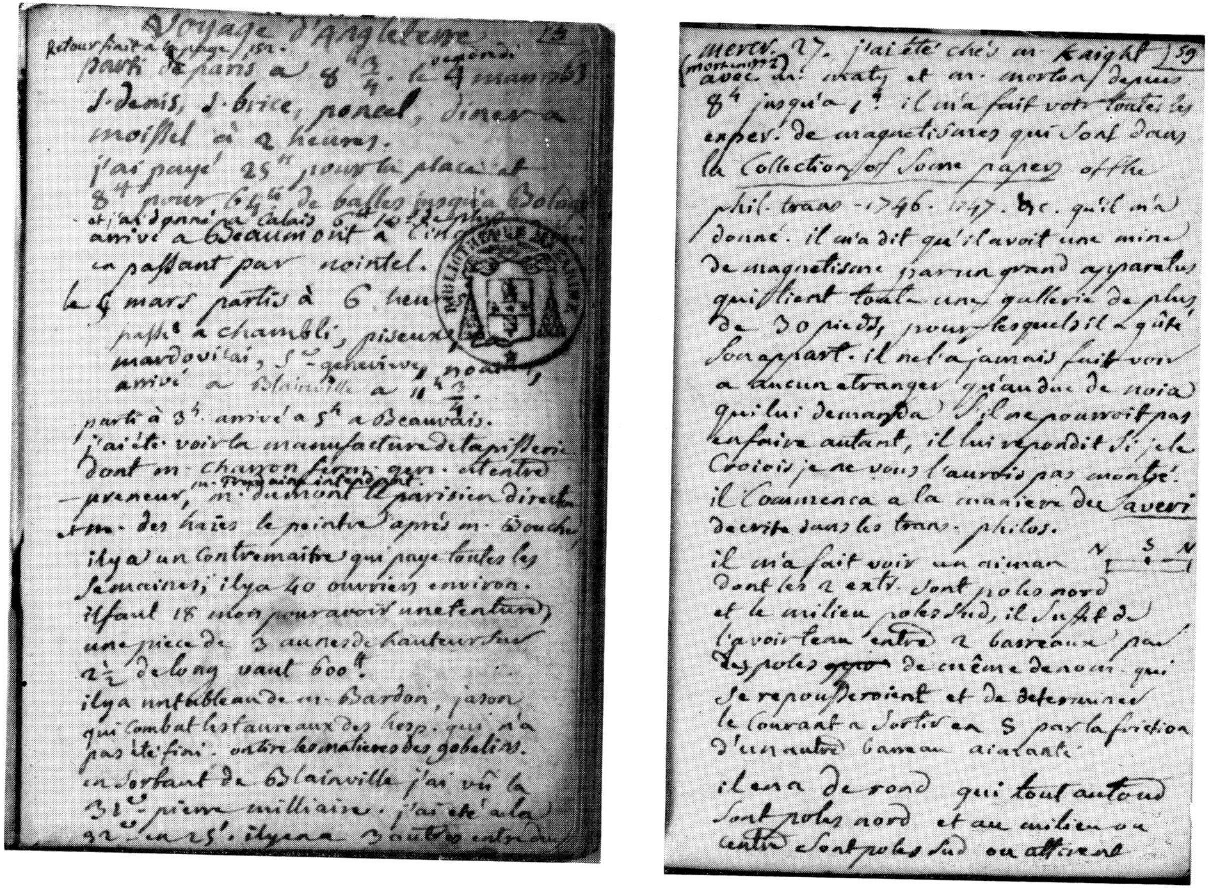

Voyage d'Angleterre [3]
Retour fait a [illegible] 152.
parti de paris a 8 h 3/4. le 4 mars 1763 vendredi
s. denis, s. brice, poncel, diner a
moissel à 2 heures.
j'ai payé 25 tt pour la place et
8 tt pour 64 lb de balles jusqu'à Bologne
et j'ai donné a Calais 6 tt 10 s. de plus
arrivé a Beaumont à [illegible]
en passant par nointel.
le 5 mars partis à 6 heu[res]
passé a chambli, piseux,
mardouvilai, s.te geneviève, noailles,
arrivé a Blainville a 11 h 3/4.
parti à 3 h. arrivé a 5 h a Beauvais.
j'ai été voir la manufacture de tapisserie
dont m. charron fermier gen. et entre
preneur, m. dumont le parisien directeur, m. [illegible] intendant
et m. des haies le peintre après m. Boucher
il y a un contremaitre qui paye toutes les
semaines, il y a 40 ouvriers environ.
il faut 18 mois pour avoir une tenture,
une piece de 3 aunes de hauteur sur
2 1/2 de long vaut 600 tt.
il y a un tableau de m. Bardon, jason
qui combat les taureaux des hesp. qui n'a
pas été fini. entre les matieres des gobelins.
en sortant de Blainville j'ai vu la
31e pierre milliaire. j'ai été a la
32e en 25'. il y en a 3 autres entre deux

mercr. 27. j'ai été chés m. knight [59]
(mortimer) avec m. watz et m. morton depuis
8 h jusqu'a 1 h. il m'a fait voir toutes les
exper. de magnetisme qui sont dans
la Collection of some papers of the
phil. trans. 1746. 1747. &c. qu'il m'a
donné. il m'a dit qu'il avoit une mine
de magnetisme par un grand apparatus
qui tient toute une gallerie de plus
de 30 pieds, pour lesquels il a quitté
son appart. il ne l'a jamais fait voir
a aucun etranger qu'au duc de noia
qui lui demanda s'il ne pourroit pas
en faire autant, il lui repondit si je le
croiois je ne vous l'aurois pas montré.
il commenca a la maniere de savery
decrite dans les trans. philos.
il m'a fait voir un aiman N S N
dont les 2 extr. sont poles nord
et le milieu poles sud, il suffit de
l'avoir tenu entre 2 barreaux par
des poles de même denom. qui
se repousseroient et de determiner
le courant a sortir en S par la friction
d'un autre barreau [illegible]
il en a de rond qui tout autour
sont poles nord et au milieu ou
centre sont poles sud ou attirent

1. Bibliothèque Mazarine 4345, pp.3 et 59

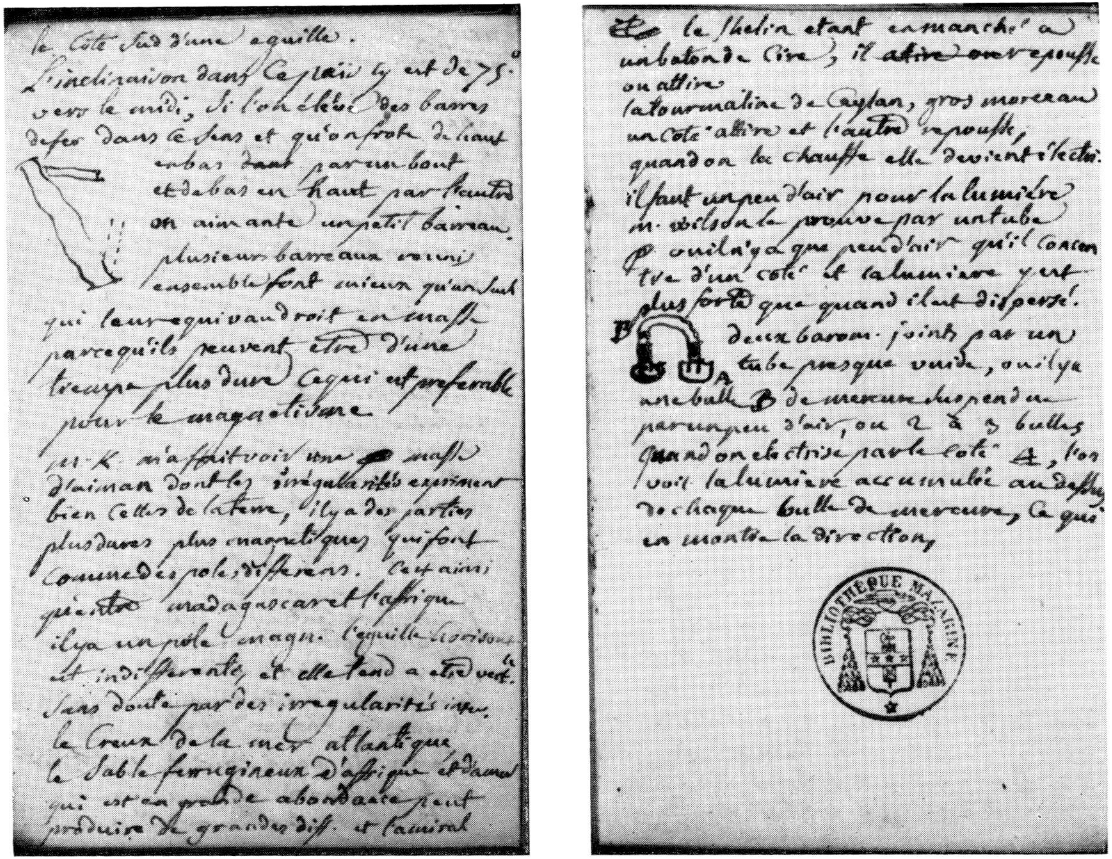

2. Bibliothèque Mazarine 4345, pp.60 et 87

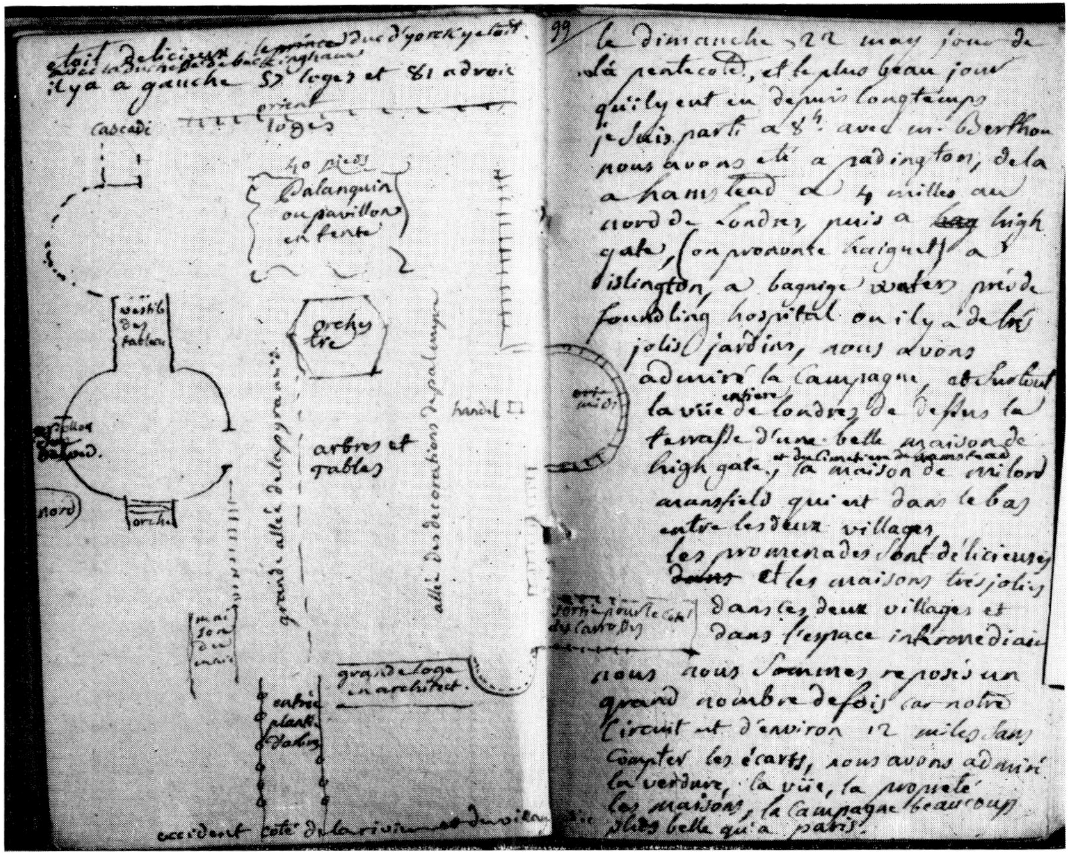

3. Bibliothèque Mazarine 4345, pp.98-99

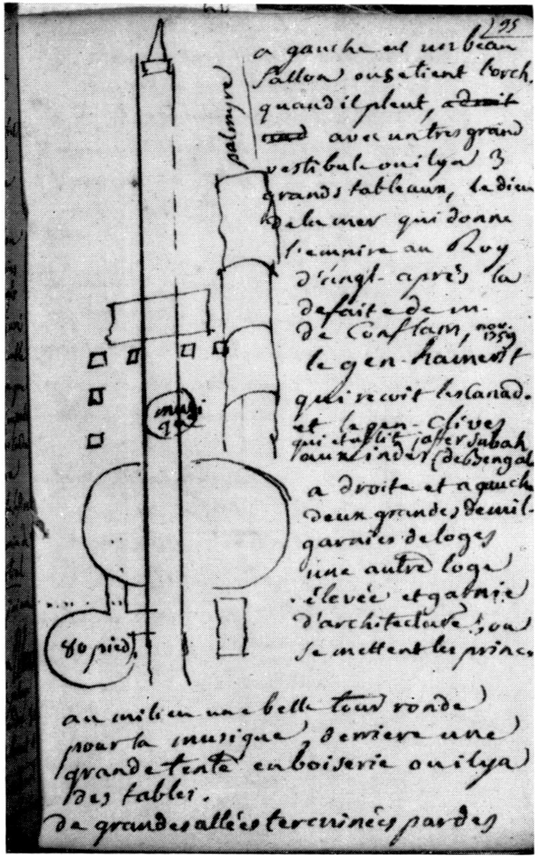

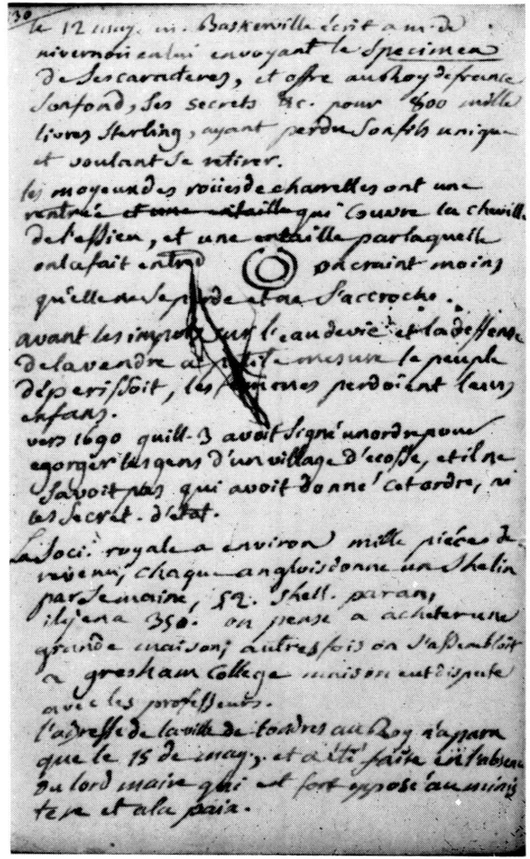

4. Bibliothèque Mazarine 4345, pp.95 et 130

M. Russel qui m'a mené chés M. Canton, maître de pension ou d'Académie in Spital Square, il m'a dit que la déclin[aison] moy[enne] de l'eguille était de dix-neuf degrés trente-deux minutes au milieu de 1762. Les observ[ations] de M. Bliss à Greenwich ne diffèrent que de deux m[inutes]!

J'ai vu son eguille de huit pouces assez épaisse, ayant une ligne au milieu pour correspondre aux divisions, suspendue par une agathe sur un pivot qui est mobile par quatre vis pour le mettre exactement au centre des deux arcs de cercles qui sont de bois, divisés de dix en dix minutes. La boussole est sur une pierre dont le bord est orienté. Il y a une loupe pour la regarder. On y peut estimer une ou deux minutes.

Il m'a fait voir son experience de la condensation de l'eau. Le tuyau de la phiole est divisé en parties longues de trois lignes qui sont les cinq cent millièmes du volume total; ayant condensé l'air d'une quantité égale au poids de l'atmosph[ère], l'eau a descendu de quatre divisions, et ayant couvert le tube, la pression sur la bouteille a fait monter d'autant. Lorsque l'eau a absorbé beaucoup d'air, ou qu'on l'a épuisé totalement, l'expérience est absolument la même.

M[M]. Camus et Berthoud, arrivés hier à deux heures, sont logés près de Copnol, Suffolk Street. Je les ai été voir chés M. de Nivernois.

J'ai été dîner chés Mil[ord] Macclesfield avec M. Walm[e]sley et M. Maty. M. de Nivernois s'étant fait écrire pour nous presenter tous trois à M. Mackensie celui-ci est venu lui dire qu'il ne pouvait plus se mêler de cette affaire-là (d'Harrisson) parce qu'il y avait des commissaires du parlement nommés pour celà.

Mardi 3 may

J'ai été chés Osborne acheter Gardiner et chés M. le docteur Parron. Chés M. de Nivernois avec MM. Camus et Berthoud. Il nous a fait écrire avec lui chés Milord Charles Cavendish et Milord Morton comme arrivés de France de la part de l'Acad[émie] des Sciences pour recevoir la communication de la découverte de Harrisson.

J'ai mené M. Berthoud à Westminster, et à S. Paul, on y répétait la musique qu'on exécutera demain pour la fête des enfan[t]s des gens d'eglise.

J'ai été avec M. Russel voir la Glass House de White Frayers où l'on fait des verres avec le flint glass, il faut trois jours pour la fusion et trois jours pour l'emploi, autant de sable que de minium, et du salpètre pour aider la fusion au lieu du sel de soude qu'on met dans le crown glass. Les ouvriers ne savent point le secret du maître pour les doses.

J'ai vû trois maisons qui sont tombées ce matin, par le défaut d'une bonne police, il y a plusieurs personnes d'écrasées dans White Fryers.

Dîner à quatre heures chés M. Pringle, avec Short, Murdoch, Russel, Maty, les domestiques n'ont point voulu de mon argent. Il en est de même chés Milord Morton et chés M. Mallet, ecossais.

Le soir j'ai mené M. Berthoud voir diverses places de Londres, Lincolns Inn Fields, Cavendish Square, Leisterfields, Covent Garden. J'ai beaucoup examiné les lampes des rües pour satisfaire aux questions de M. de Parcieux et j'ai pris des indications pour les autres machines dont il veut avoir une notice.[146]

J'ai acheté une *livre* [troy] de M. Freeman, Londonhall au coin de Se. Mari-Ax exactement égalisée sur son étalon qui sert à la Monoye pour peser l'or et l'argent. (Elle pèse à Paris douze onces, un denier quarante-huit grains, suivant M. Tillet en 1766).[147]

Mercredi 4 may.

J'ai été me promener à Pa[d]dington et je suis revenu à Tyburn où Rice, Lewis et Anna Diego ont été pendus sans temoigner ni inquietude ni faiblesse, parés, frisés, ils ont dit adieu à leurs amis, le frère de Rice était avec lui, le ministre est venu faire la priere, on leur a bandé les yeux et la charrette a parti à onze heures et demie.[148] Les places étaient de six pences et de une couronne.

J'ai reçû une lettre de Mad. de Boufflers. J'ai dîné chés M. de Nivernois, et le soir j'ai été me promener au monument et a la Tour avec M. Berthoud. J'ai reçû une lettre de M. de Mairan qui a envoyé dix loüis pour moi à M. Guerin.[149]

[146] Antoine Deparcieux (1703-1768); encyclopédiste, mathématicien; Académie des sciences; il s'intéressa à l'amélioration de l'éclairage des rues de Paris; il est surtout connu par des tables de mortalité publiées sous le titre: *Essai sur les probabilités de la vie humaine* (Paris 1746).

[147] Mathieu Tillet (?-1791). *Essai sur le rapport des poids étrangers avec le marc de France* (Paris 1767).

[148] John Rice (?-1763); fut condamné pour faux.

Paul Lewis (?-1763); servit sous sir Edward Hawke; accusé de plusieurs vols, il fut exécuté pour avoir tiré sur un fermier.

Anna Diego: Hannah Dagoe (?-1763); condamnée à mort pour avoir poignardé un homme.

Voir *The Gentleman's magazine*, May 1763, pp.207-11. On y trouve un long article sur John Rice et Paul Lewis.

[149] Jean-Jacques Dortous de Mairan (1678-1771); physicien et écrivain français; Académie des sciences; Académie française. *Nouvelles recherches sur la cause générale du chaud en été et du froid en hiver* (Paris 1767).

M. Camus a été dîner chés M. Vanek sur qui il a une lettre de crédit.

Les Constables à cheval avec leur petit baton garni d'argent, les constables à pied avec de grands batons aux armes d'Angleterre, et des gardes du Roy étaient autour de la potence.

Jeudi 5 may.

Jour des tanksgiven [thanksgiving], on a tiré soixante et un canons a la Tour, on a imprimé des prieres publiques a l'occasion de la paix et preché sur ce sujet.

J'ai été voir des eglises avec M. Berthoud. Chés M. Johnson avec M. Duclos et M. Berthoud. Il nous a parlé latin, il aurait voulu nous retenir plus longtemps, mais cela était trop incommode.

Le soir nous avons été rendre des lettres de M. Berthoud. Nous avons été à la Cour, qui était fort brillante.

Vendredi 6 may.

J'ai été avec M. Camus et M. Berthoud nous faire écrire chés Milord Morton, Mil[ord] Charles Cavendish et M. Scott. Nous avons été voir Milord Eggleton qui est un Montgommeri, qui nous a fait de grands offres de service.[150] Il a un beau tableau du Titien, belles fesses une course de quatre chevaux avec un chariot, de vingt miles en une heure. Les trois premièrs miles avaient été faits en deux m. chacun au lieu de trois m. Il y avait un courrier devant avec une montre.

On a plaidé à Westminster Hall, Common Pleas la cause de M. Wilkes. Tout était plein depuis sept h. Il a été élargi parce que la nature de l'accusation est insuffisante pour retenir un membre du parlement, mais l'accusation subsiste et est renvoyée au Kingsbench.

J'ai recû une lettre du Comte de Bruhle[151] par le Comte de Werthern [Western].

Le soir avec M. Duclos et M. Berthoud a Convent Garden voir jouer Every Man in His Humour.[152] Woodward excelle dans le rôle de Bobadil. Garrick a coutume de jouer le marchand Kitely. Cette pièce a été suivie d'une farce, nous sommes sortis à dix heures et demie.

[150] Eggleton: Alexander Montgomery, comte d'Eglinton (1723-1769); pionnier dans l'amélioration de l'agriculture; introduisit Boswell à la société de Londres.

[151] Jean Maurice, comte de Brühl (1736-?); conseiller privé de l'électeur de Saxe et son envoyé à Londres. *A short explanation of the most proper methods of calculating a mean daily rate* (London 1794).

[152] comédie de Ben Jonson, jouée pour la première fois en 1661.

Samedi 7 may.

J'ai été voir M. de Wert[h]ern, dîner a l'hotel de Nivernois. Le soir voir M. Watson, qui m'a parlé de M. Bose,[153] et de l'électric[ité] en plus et en moins qu'il a adopté depuis dix ans, je luy ai mené le Comte de Werthern qui se plaint beaucoup de ce qu'il est très difficile à Paris de faire des connaissances.

Milord Morton est venu nous voir. Il se plaint de l'obstination de Harrisson, et persiste à vouloir que Har[risson] fasse une seconde montre, que l'on puisse éprouver. Cependant il nous fait esperer que nous pourrons voir la pièce avant notre départ.

On parle beaucoup de l'écuyer qui galoppe sur trois chevaux, at the Star and Garter, a Chelsée, Johnson.

Les jardins de Sadlers Well près de Kensington, et ceux de Mary[le]-bone sont ouverts depuis quelques jours.

Dimanche 8 may.

J'ai été voir le P. de la Valette qui m'a raconté son histoire depuis 1749. Le général et le recteur de Paris qui étaient d'un parti opposé à ceux qui avaient autorisé son commerce veulent lui faire faire banqueroute, et refusent de faire un emprunt pour lui en France. Les Jésuites de Londres avaient empr[unté] huit cent mille liv. Les procureurs des prov[inces] offraient de payer tout a condition que les missions étrangères seraient partagées entre les provinces, ils ne voulurent pas.

J'ai été voir Mad. de Boufflers, M. Dutens, M. Campbell, M. Wiche; dîner avec M. Berthoud, le soir promener à Grays Inn et Lincoln's Inn où il y avait beaucoup de jolies personnes.

Le P. de la V[alette] empruntait de l'arg[ent] au pair à quatre ans de date, ensuite à trois. C'est à dire qu'il recevait une pistole à la Martinique pour payer cette pistole net à Paris dans quatre ans. Il envoyait toujours les fonds d'avance aux Lionci, mais depuis 1742 ils étaient en arrière de deux cent mille livres, et ce fut lui qui les releva et les soutint.

Quand les Lionci manquerent, toutes les lettres qu'ils avaient acceptées devenaient éxigibles, ce fut ce qui embarrassa les Jésuites, il fallait ou payer ou les faire accepter par d'autres. En 1753 M. Rouillé lui envoya une lettre de cachet pour revenir en France, parce qu'on l'accusait de faire le commerce étranger, mais il se justifia et retourna.

[153] George-Mathias Bose (?-?); médecin et mathématicien allemand; recherches sur l'électricité.

Le P. de la Tour eut ordre du Général Visconti de s'intéresser à son rétablissement.

Au commencement le P. de la Valette ne payait ses dettes à l'échéance qu'avec des lettres de change qu'il empruntait, mais ensuite il fut obligé d'envoyer du sucre et du caffé parce que les autres marchands qui étaient jaloux empruntaient à trois ans de date et y faisaient plus de profit que lui.

Mad. de Boufflers a demandé à la Comédie, Mackbeth, Richard III, et King Lear qui sont les trois plus beaux rôles de Garrick.

Lundi 9.

Nous avons été voir la machine de York building[154] qui a couté mille pièces à construire et qui fournit deux mille cinq cents maisons en ne travaillant que huit h par jour. M. Watkins, autrefois l'un des propriét-[aires] m'y a mené avec Camus, Berthoud.

M. Merlin m'est venu voir, il m'a dit qu'on s'était longtemps défié de lui chés les ouvriers, mais que depuis qu'il sait l'anglais, il a plus de facilité.[155]

Sisson a été plusieurs fois en prison faute de payer ses ouvriers, il commence beaucoup et ne finit rien, il porte ses instrumens chés le punbroker, et on en a vu vendû pour le dix[ièm]e de leur valeur. Il est obligé de se presser beaucoup et alors il ne fait rien qui vaille, mais d'ailleurs personne n'a autant d'esprit que lui.

M. Sisson m'a fait voir encore son instr[ument] nageant sur le mercure, avec lequel il prend hauteur à la minute suivant le certificat du maître d'un navire de guerre, il y a un miroir vers le centre et on met l'œil a la circonférence. Il y a un contrepoid qu'on règle avec une vis. Ses oscillations ne durent pas quatre secondes et l'on n'a pas besoin de voir l'horison.

Il nous a fait voir la première chaise marine qui était portée sur une suspension à quatre pivots et deux boëtes dont les pivots roulaient sur huit rouleaux de bel métal de même que les pivots eux-mêmes. La deuxième était un genou ordinaire auquel pendait un pendule de six pieds et en bas un poids dans l'eau. La troisième est composée de deux cercles qui ont chacun deux pivots, mais dont les directions se croisent. Elle a huit pieds de haut, quatre de diamètre. Il y a des poids de plomb

[154] un château d'eau.

[155] Merlin (?); probablement membre de la famille Huguenote, les Merlin, réfugiée à Londres.

pour en modérer et en arrêter le mouvement plus vite. Il y a une table pour le télescope à la hauteur de l'œil qui s'incline et qui est en équilibre.

9 mai 1763.

Nous avons été voir M. Harrisson et ses trois pendules de longitudes. La pendule a secondes qu'il fit en 1726 lui sert encore de regle, l'Ambass[adeur] d'Espagne lui en voulait donner deux mille pièces.

M. Berthoud a trouvé ces pièces très belles, très ingénieuses, très bien exécutées, et quoique la régularité de la montre lui paraisse bien difficile a croire, il est encore plus impatient de la voir depuis qu'il a vû les trois pendules. [pp.82-83 manquent; probablement une erreur de pagination.]

Mardi 10 may.

J'ai été de grand matin chés le docteur Bevis. Nous avons été nous promener à Islington, sur le bord de New River, au grand et au petit réservoir, à l'endroit où il est porté sur une charpente revetue de plomb. A l'endroit où il y a une écluse pour clarifier l'eau; à Sadlers Well, dans les jardins de *White Conduct*, ainsi nommés parce qu'il y a un réservoir blanc qui conduit l'eau a Charter House. Nous avons approchés de Haygnet,[156] mesuré la profondeur, trois pieds et demi la largeur six et demi en haut, et la vitesse à la surface: un pied et un dixième.

J'ai été au Collège de Gresham, assister à la leçon de M. Mace en Civil Laws à quatre h. – elle n'a duré que une demi-heure.[157] Il a lû son cayer dans sa chaire. Il y avait huit personnes, une cuisiniere près de la porte de l'école m'a donné la liste des professeurs et de leurs jours.

Le soir promener à l'ho[tel] de Somerset;[158] chés M. Bird. J'ai été sur le Public Ledger du 9.[159]

Merecredi 11 may.

J'ai vû M. Scott dès le matin, qui m'a fait esperer qu'il se contenterait pourvû que les horlogers declarent qu'ils sont en état de faire une montre pareille a celle de Harrisson.

[156] un château d'eau.

[157] Daniel Mace (?-1753); critique; ministre presbytérien.

[158] hôtel de Somerset; commencé en 1547; le Protecteur Somerset, oncle maternel d'Edward VI, fut exécuté en 1551 avant son achèvement; l'hôtel devint propriété royale.

[159] *Public ledger or daily register of commerce and intelligence*. On ne trouve des exemplaires du *Public ledger* que dans deux ou trois bibliothèques; je n'ai pu en consulter aucune.

J'ai vu chés M. Vaillant, M. Baskerville et Milord Comte d'Egmont.[160] M. Short m'a expliqué la manière de polir les verres en figurant la poix de deux en deux minutes. Il m'a fait voir son mémoire sur la longit[ude] de Greenwich, je lui ai fait effacer Don Noël dont il citait les observations.[161]

J'ai déjeuné avec Sir James MacDonald qui part pour l'Ecosse, dans l'Isle de Skye, qui lui appartient, il est neveu de Milord Inggleton [Eglinton].

J'ai dîné avec M. Camus. J'ai été voir le jardin de Chelsée, *Physic Garden*,[162] en passant au travers de *Chelsée College*, c'est a dire de l'hôpital.

J'ai été voir M. Johnson at The Star and Garter qui galoppe debout sur deux chevaux, un troisième au milieu. Il semble renversé sur le coté. J'ai passé la soirée avec M. de la Condamine qui est arrivé aujourd'hui.[163]

Jeudi 12 Ascension.

Déjeuner avec M. de la Condamine chés le docteur Maty. De là chés M. de Nivernois. J'ai été écrire une lettre pour remettre à M. [de] la Rochette qui partait.

Dîner à la Mitre avec M. Duclos, la Condamine, Camus, Berthoud de là à la Société Royale, chés M. Olivier dans Broadstreet où nous avons soupé.[164] J'ai mené M. de la C[ondamine] voir le Monument, il pleuvait, nous sommes entrés chez un attorney.

J'ai vû a la Soc[iété] Roy[ale] M. Raper qui a écrit contre moi.[165]

[160] John Baskerville (1706-1775); imprimeur anglais; inventa le papier vélin; Beaumarchais en acheta aussi bien que les caractères d'imprimerie, dit Baskerville, et s'en servit pour imprimer les œuvres de Voltaire, édition de Kehl.

John Perceval, comte d'Egmont (1711-1770); directeur général des postes; premier lord de l'Amirauté.

[161] don Etienne Noël, jésuite (?-1660); un correspondant de Descartes; s'intéressa à la physique et aux lois de la pesanteur.

[162] Physic Garden: Royal Botanical Garden; donné par sir Hans Sloane aux *Apothecaries* contre un loyer minimum et la promesse d'y maintenir un jardin de plantes médicinales; c'est maintenant la propriété de l'Imperial College of Science.

[163] Charles Marie de La Condamine (1701-1774); mathématicien; Académie des sciences; voyage au Pérou; introduisit le curare en Europe; en faveur de l'inoculation.

[164] Blaise Joseph Olivier (1701-1746); constructeur de vaisseaux.

[165] Matthew Raper (?-?). Voir 'Remarks on a passage of the editor of the *Connoissance des mouvements célestes pour l'année 1762*: in a letter to the right honorable George earl of Macclesfield, president of the Royal Society. By Matthew Raper, Esq. F.R.S.', *Philosophical transactions* (1761), p.366.

Vendredi 13.

J'ai déjeuné chés Milord Morton qui m'a raconté comment il avait été à la Bastille pour avoir été à l'orient [Lorient] avant la descente des Anglais par le gén[éral] Saint Clair. J'ai été chés M. Short, qui est fort étonné que Harrisson le fils soit allé en Lincolnshire sans le lui confier. Chés M. Brook, marchand d'oiseaux.

Le soir chés M. Wilson voir des expériences d'electricité, en cassant un baton de cire un bout attire et l'autre repousse des corps légers. En frottant un shelin a plat où par l'arrête sur un baton de cire, le shelin étant enmanché à un baton de cire, il repousse ou attire. La tourmaline de Ceylon, gros morceau, un côté attire et l'autre repousse. Quand on la chauffe elle devient électri[que].

Il faut un peu d'air pour la lumière. M. Wilson le prouve par un tube P où il n'y a que peu d'air qu'il concentre d'un côté, et la lumière y est plus forte que quand il est dispersé. Deux baro[mètres] joints par un tube presque vuide, ou il y a une bulle B de mercure suspendue par un peu d'air, ou deux à trois bulles [voir planche 2]. Quand on electrise par le côté A, l'on voit la lumière accumulée au dessus de chaque bulle de mercure, ce qui en montre la direction.

Samedi 14 may 1763.

J'ai eu avec Milord une longue explication, et j'en suis sorti convaincu que nous ne verrons point la montre. J'y ai mené M. de la Condamine, Camus et Berthoud, nous avons été aussi chés Milord Maclesfield et de là chés M. White a Foundling Hospital. Il nous a dit qu'au prochain parlement les com[m]issaires seraient reprimandés d'avoir vexé Harrisson; et qu'il fallait tâcher d'avoir six suffrages pour la terminer, mais il ne nous a pas promis comme cy-devant que nous verrions la montre.

M. Déon nous a offert de nous présenter au Roy, M. Camus, M. de la Cond[amine] et moi. Ce sera pour dimanche 22.

Nous avons dîné chés M. Mallet avec M. Camus, Duclos, Scott, la Cond[amine] et Mati, on a fait une comparaison frapante de Charles II avec le Regent qui ont corrompu les mœurs de leur nation, mais qui n'étaient pas moins réservés dans leurs affaires.

Dimanche 15 may 1763.

J'ai mené M. de la Condamine voir la bibliot[hèque] de la Société Roy[a]le. S. Paul j'ai mesuré la moitié inférieure cent dix-huit pas= deux cent soixante pieds.

J'ai été dîner à l'hôtel de Niv[ernois] avec Mad[ame] Lafare qui demeure près de S. Paul. M. Dromgold[166] nous a raconté la persécution qu'on exerce en Irland contre les catol[iques].[167] Ils ne peuvent manier des armes, le fils peut dépouiller son pere, le voisin peut lui oter un cheval qui excède six guinées. On leur ôte leurs enfans. Pour empecher que les voitures n'excèdent le poids ordonné, il y a aux turnpikes des ponts en équilibre qui fléchissent sous un poids excédent.

Le soir chés M. Pringle qui a conseillé à M. de la Condam[ine] de mettre tous les soirs trois gouttes de dissolution de bay salt[168] ou sel de France fait par évapor[ation] au soeil pendant unmois pour sa surdité. Ce sel est recherché en Angleterre, on ne peut s'en passer pour le poisson et il ne fait pas assez chaud en Angleterre.

Lundi 16 may.

Nous avons eté tous quatre à la Tour voir la Salle des Armes qui a plus de trois cent pieds de long. M. de Nivernois, M. et Mad. d'Usson (Bonac),[169] Mad. de Boufflers y sont venus et sont partis pour Deptford dans les barques dorées de l'amirauté. Les princes et Mil[ord] Sandwich doivent s'y rendre aussi, nous avons eté a Grenwich voir l'observ[atoire] et dîner à la Levrette vis-à-vis la porte du parc.

A quatre h le vaisseau l'*Albion* de soixante-quatorze canons a été lancé, il glissait sur des aisselles au nombre de huit de chaque côté portées sur un verceau.

J'ai passé la soirée dans le Kings-Yard à Deptford et je suis retourné à l'observatoire avec le doct[eur] Bevis, nous avons observé l'étoile polaire, l'épie de la vierge, etc. et nous avons soupé au Lyon Noir avec M. Bevis et M. Green, les académiciens sont retournés à Londres.

Mardi 17.

Le matin j'ai été voir l'hôpital de Greenwich, l'église dorée, la belle salle des peintures, le bâtimen ou était enfermé l'amiral Bynk [Byng].[170]

166 Jean Dromgold (1720-1780); professeur au Collège de Navarre; appartenait à une famille irlandaise réfugiée en France; en 1763 il accompagna le duc de Nivernais à Oxford et prononça un discours très applaudi.

167 en 1702, sous la reine Anne, on passa des lois pénales très sévères contre les Irlandais; elles ne furent abolies qu'en 1782.

168 bay salt: sel gris.

169 Charles-Armand d'Usson de Bonnac (?-?), dit marquis de Donnezun; lieutenant du roi au comté de Foix: fit partie du 'Temple' du prince de Conty.

170 John Byng (1704-1757); amiral; battu par le marquis de Gallissionnière; Newcastle le fit condamner à mort et exécuter en 1757. On trouvera le récit détaillé de la

Nous avons observé le midi, et déjeuné a l'observatoire. L'observatoire n'est pas orienté. On voit plus du couchant que de l'orient dans la face septentri[onale]. Il a environ cinquante pieds dans sa plus grande largeur. Il y a une inscrip[tion] a l'honneur de Charles II – 1676.

Au midi est le Morden College pour dix pauvres marchands, la maison de Sir Gregori Page, le village de Lee ou est enterré Halley.

Bradley était dur, jaloux, avare, mélancolique suivant le d[octeur] Bevis.[171]

J'ai vu à Greenwich la Société des Antigallicans dont l'étendard représente l'Angleterre a cheval foulant les fleurs de lys, *for our Country*. (Les maisons de Milord Chesterfield et du Général Wolf sont aussi au midi de l'observatoire).

Mercredi 18.

Je suis venu à Londres seul dans un bateau a deux hommes, pour six pences, en une heure, malgré le courant et la marée: J'ai vû sur la gauche de la riviere quatre a cinq chantiers où l'on fait des vaiss[eaux] de soixante-quatorze canons, ce sont des marchands qui les font construire pour le Roy. à droite Lime, Shadwel[l], Wapping, il y a deux tours de waterworks ou fire works à Shadwel sur le bord de la rivière. à gauche Rederif.

J'ai été voir Guildhall ou etaient les juges de l'ex[ch]equer Common-pleas, King's Bench, Council Chamber, dont les juges sont M. Parker, Mansfield, Liechtfield, Beckfort, Mayor. Les jurés étaient autour des tables.

Près de Guildhall est une vieille maison appellée Blackwell House, où l'on dechargeait du drap.

La maison de S[ir] robard Ladbroke a Footscray a six miles de Greenwich est estimée pour les peintures.[172]

Nous avons dîné chés Mil[ord] Morton avec Milord Charles Cavendish et M. Scott; ils ont continué à soutenir que le parlement leur jetterait

condamnation de l'amiral Byng dans l'étude d'André M. Rousseau, *L'Angleterre et Voltaire* chapitre 6.

171 dr James Bradley (1692-1762), F.R.S.; astronome; Académie des sciences de Berlin; lié avec Macclesfield, Newton, Halley; découvrit en 1728 que l'inclinaison de l'axe de la terre sur le plan de l'écliptique n'était pas constant, et que la période de variation était de neuf ans.

172 sir Robert Ladbroke (?-?). *The Conference: instructions given to sir R. L. . . . etc. (Feb. 10, 1769) by their constituents* (London 1771).

la pierre s'ils payaient si cher un secret[173] sans s'assurer dc sa réussite et de la sincérité de l'auteur.

Le soir j'ai été chés Mad[ame] Majandi,[174] danmark Street, et chés Mles Dutens.

Les marchands sont allés au nombre de plus de cinq cents présenter leur adresse au Roy pour la paix, ils ont tous baisé la main du Roy.

Les sessions que j'ai vû aujourd'hui a Guildhall se font toutes les six semaines pour vider les prisons; les robes violetes avec chaperons rouges sont les *sergeant-at-law* qui sont les premiers avocats; les autres sont habillés de noir et sont seulement Conseils, les Attorney et Sollicitor General sont en robes de soye noire, les juges en robes de soye et parements gris de soye.

On débite une caricature qui est le portrait de M. Wilkes, souriant et tenant le bonet de la liberté au bout d'un bâton.

Nous devons être présentés au Roy mercredi a son lever.

Jeudi 19 may.

J'ai été voir M. G. Neale, Mark Lane, chir[urgien] qui a été en Espagne, Italie, France, Amérique, il va a la campagne dans Nottingham shire avec le Mar[quis] de Granby, Mil[ord] Chesterfield, le Duc de Portland, etc. Il me mènera lundi chés Milord Tyrel ou il y a une campagne charmante.[175]

J'ai été a Old Bailey voir le tryal ou l'information de la session; les temoins ont eté entendus, les accusés interrogés, le juge a expliqué l'affaire aux douze jurés. Ils ont conféré tout de suite ensemble et l'un des douze a annoncé au juge que leur avis etait que l'accusé est coupab[le]. Il y a un passage fermé qui les conduit à Newgate. La sentence ne sera prononcée que le dernier jour de la session. J'ai donné un sh pour entrer dans la gallerie.

J'ai été me promener sur le chemin de Hampstead en lisant *An Impartial History of the Late War* que j'ai acheté trois sh et demi – quatre cent huit pages, in-douze.[176]

[173] la montre de Harrisson, je pense; voir note 51.

[174] Elizabeth Prévost Majandi (?-?); femme de John James Majandi (1709-1783), tuteur de la reine Charlotte, du prince de Galles, et du duc d'York.

[175] John Tyrell (?-1786); high-sheriff of Essex?

[176] J. Knox. *A complete history of the origin and progress of the late war from its commencement (1756) to the exchange of the ratifications of peace between Great Britain, France and Spain*, 2 vols (London 1764).

Je suis venu m'habiller pour aller à Wauxhall qui ouvre aujourd'hui malgré la pluye.[177] C'est un jardin magnifique de quatre-vingts pieds de long sur cinq cent cinquante en haut et trois cent vingt en bas de large, en entrant on voit une piramide dans la camp[agne] au delà des jardins.

A gauche est un beau sallon où se tient l'orch[estre] quand il pleut, avec un tres grand vestibule où il y a trois grands tableaux: le Dieu de la mer qui donne l'empire au roy d'Angl[eterre] après la défaite de M. de Conflans, Nov[embre] 1759; le général Hament qui recoit les Canad[iens] et le gén[éral] Clives qui établit Jasser Subah aux Indes (de Bengale). A droite et à gauche deux grandes demi-l[unes] garnies de loges, une autre loge élevée et garnie d'architecture où se mettent les princ[es].

Au milieu une belle tour ronde pour la musique; derriere, une grande tente en boiserie ou il y a des tables. De grandes allées terminées par des perspectives, de palmyre [palmiers] etc [voir planches 3-4].

J'y ai mangé des *heart cakes* à deux sols, une crème *custard* à quatre pences. Un plat de bœuf ou de jambon coûte un sh, une bouteille de vin, deux sh, champagne, huit sh.

J'en suis revenu à onze heures et demie. On donne au fiacre une demi couronne.

La musique finit à dix heures.

La cascade présente un moulin tournant, une maison, un paysage, des eaux qui tombent du sommet de la montagne. On allume les lampes tres vite au moyen d'un flocon d'étoupes qui aboutit à la mêche.

On y va en sept minutes depuis le pont de Westm[inster] pour trois pences et l'on ne paye qu'un sh pour entrer. Il en était de même autrefois à Ranela[gh] mais on a trouvé que cela tombe trop dans la populace.

Vendredi 20 may.

J'ai été voir les machines de la Société des Arts, scies, moulins à eau et à vent.

Dîner chés l'amiral Knowle, Sackwell Street, Pickadilli, il nous a beaucoup parlé de ses expériences et de ses recherches sur la figure des v[aisseaux] et sur l'arrimage.[178]

Le soir j'ai été voir joüer Garick dans *Mackbeth*. Son rôle est terrible. Mle Pritchard excelle aussi dans celui de Lady Macbet. Nous avons fait

177 Vauxhall: créé vers 1661 sous le nom de New spring gardens; capacité de 16.000 visiteurs; ouvert tous les soirs à 5 heures de mi-juin à fin août; fermé juillet 1859.

178 Charles Knowles (1700?-1777); amiral; gouverneur de la Jamaïque 1752.

garder des places a l'amphit[héâtre] pour M. Berthoud, M. de la Condam[ine] et moi.

J'ai été voir Mad. Majandi.

Samedi 21.

Nous avons été faire nos adieux à M. de Nivernois qui part demain, et à M. Duclos et Moreau qui partent ce soir, M. Duclos était arr[ivé] le 23 de l'autre mois.

Nous sommes retournés voir l'am[iral] Knowl[e] où j'ai vû M. Robertson maître de l'école de Portsmouth. Nous avons dîné chés M. Scott, Leicester Field, et de la je suis allé à Wauxhall ou le temps était délicieux. Le Duc d'York y était avec la Duchesse de Buckingham.

Il y a à gauche cinquante-sept loges et quatre-vingt-une à droite.

Le dimanche 22 may

Jour de la Pentecote, et le plus beau jour qu'il y eût eu depuis longtemps.

Je suis parti à huit heures avec M. Berthou[d]. Nous avons été à Padington, de la a Hampstead a quatre miles au nord de Londres, puis a High Gate, (on prononce haiguet), a Islington, a Bagnige Waters près de Foundling Hospital ou il y a de très jolis jardins, nous avons admiré la campagne et surtout la vüe entiere de Londres de dessus la terrasse d'une belle maison de Highgate – et du cimetière de Hampstead, la maison de Milord Mansfield qui est dans le bas entre les deux villages. Les promenades sont délicieuses et les maisons très jolies dans ces deux villages, et dans l'espace intermediaire nous nous sommes reposés un grand nombre de fois car notre circuit est d'environ douze miles sans compter les écarts. Nous avons admiré la verdure, la vüe, la propreté, les maisons, la campagne beaucoup plus belle qu'à Paris.

Lundi 23

Après avoir déjeuné chés M. Pringle nous avons été voir l'orgue faite pour la Princesse de Galles à Carlton House, Pall Mall, il y a dix-sept cylindres de dix-huit pouces sur quatre pieds, un poids de quatre cents liv[res] pour les trois soufflets, un de deux cent cinquante pour le mouvement, il retourne de lui-même au commencement. Il y a de quoi enfler et diminuer les sons, changer de jeux, etc. par le seul mouv[ement]. Lincha[179] a divisé les barillets. Elle coute mille deux cents liv. sterling.

[179] Lincha: c'est peut-être le nom de celui qui construit cette partie du mécanisme de l'orgue.

Commencée par Valrot, finie par M. Merlin, vingt-sept sh semaine.

J'ai mené M. de la Cond[amine] chés M. Simon pour son affaire contre M. Hilton.

J'ai été voir avec M. Magenis la machine du port de Londres qui est composée de cinq grandes roues, soixante-douze corps de pompe, chacun donne mille coups pendant la marée montante en cinq heures de temps, et trois mille en sept heures, la marée descendante. Il y a un cadran qui les marque. Elle fournit de l'eau à Temple Bar, White Chapel, High Holbourn, Shoreditch, Southwark. Il y a une roue qui est sur un chassis mobile. Par une manivelle et deux engrenages, la roue peut monter de quatre pieds et demi.

Après avoir dîné chés M. G. Neale dans Mark Lane nous avons été à Wanstead chez Milord Tilney, chateau superbe a six miles au nord-est de Londres, nous avons passé à Mile End, Bow, Stratford. La maison à deux cent soixante pieds de face, en pierre de taille, parc et jardins immenses, orangeries, serres chaudes, grote de rocailles où toutes les curiosités imaginables d'his[toire] n[aturelle] sont rassemblées, menagerie, pièces d'eau, cerises et abricots dans des serres, fleurs, antiquités, appartemens dorés et magnifiques, un autre chateau en perspective, une cour illuminée.

Il y a une machine a feu sur le chemin a Bow, dont la tour a été nouvellem[en]t batie. Il y a plusieurs hôpitaux sur le chemin; beaucoup de fabriques de toiles peintes, beaucoup de distilateurs et une manufacture de porcelaine a Bow.

J'ai été recevoir cinq livres sterling pour les comissions de M. Bailly chés M. Fonblanc et Theluss on Tower Street.

Mardi 24

Déjeuné chés le d[octeur] Pringle avec le Bailli de Fleury, etc.[180] Nous avons été voir le microscope du Roy, qui a coûté trois mille pièces, de M. Adam.[181] Il a toutes les lentilles sur un cercle tournant; chacune a leur foyer; la monture est d'argent. Il a une pointe entre les occulaires dont on distingue le mouv[ement] a un dix-millième de pouce pour mesurer l'amplification.

La maison de la reine a le plus bel escalier de Londres; on y a peint le repas d'Enée et de Didon, son arrivée à Carthage, le zebre de la reine,

[180] Bailli de Fleury (?-?); un des Français venus en Angleterre à la suite du duc de Nivernais.

[181] Robert Adam (1728-1792); architect du roi; membre du parlement; dessina la demeure de lord Mansfield et celle de lord Bute.

le docteur Knight qui est un faiseur de sarcasmes demandait 'Sont-ce là les gardes de l'ane?'

Ensuite j'ai été voir la machine de Chelsée qui donne quatorze coups de piston; chacun monte dix-huit gallons. Elle brule neuf chaldrons de charbon par semaine, le reservoir est dans Hyde Park.

De là à New River-Head, il y a trois reservoirs, deux au niveau de la riviere dont l'un fournit la ville, et l'autre s'étend à la machine, le troisième est plus haut, et la machine y porte l'eau. Cette machine a huit corps de pompe, elle eleve cent tonneaux d'eau par heure de cent vingt gallons chaque tour et va seize heures de la journée. On donne 3/4 de pouce d'eau à une maison pour deux sh.

De là nous avons été avec M. Henry et Berthoud a Sadler's Wells, petit theatre, ou l'on vous donne du vin par dessus le marché, on y prend les tetons, on y jette des gros sols sur le théâtre, on aboye les acteurs, on leur dit '*encore*', ariettes anglaises, sauteurs, danseur sur la corde lâche qui metant l'épée sur le verre et, l'assiette sur l'épée se branle sur la corde avec un très grand mouvement. il bat du tambour, donne du corps, etc. Pantomines, danses, grossières et popul[aires], on y joue souvent les français, les décorations sont assez jolies et bien servies. Nous avons goûté a Sadler's Well's *Tap House*, cabaret à bière, et avec des . . . !

Mercredi 24

M. Bert[houd], M. Henry, et moi avons été a Newgate, Charterhouse, ou il y a de grandes promenades, Moorfields, Bethleem hospital, a la Madeleine dans Goodmanfields ou il y a cent filles réfugiées, Well Closen Square, Custom House, Doctor's Common, *Intelligence House*, Bridwell, et a la machine du pont de Londres qui était dans son moment d'arret. Le soir à *Maribone* pour la première fois, l'orchestre est très bon, et il y a des chanteuses assez jolies. Un sh admittance.

Jeudi 25 mai

J'ai fait diverses visites, et j'ai commencé mes adieux. J'ai préparé ma mâle de livres pour l'embarquer. J'ai causé longtems avec M. Robertson chés Nourse; il m'a fait voir sa nouvelle édition de navigation et des démonstr[ations] de formules de trigon[ométrie] assez bien faites. Je lui ai donné le programme de l'académie sur l'arrimage, et je l'ai fort engagé à faire travailler quelqu'un. J'ai dîné chés M. Déon qui doit nous présenter demain, et qui nous a fait écrire ce soir chés M. Greenville, Halifax et Egremont.

Vendredi 26

J'ai été voir M. Wilkes qui m'a raconté son histoire, sa detention, l'origine de la guerre présente.

Nous sommes allés à S. James ou Milord Hertford devait nous presenter au roy, mais M. de la Condamine qui nous a fait attendre a fait manquer l'heure.

Nous avons dîné chés M. Déon. J'ai écrit à M. de Montmirail et lui ai envoyé un mémoire 174.4.

Samedi 27

Nous avons déjeuné chés le doct[eur] Pringle avec le bailli de Fleury, et nous avons été a la maison de la reine, le roy et la reine sortaient à neuf heures et demie comme ils ont coutume de faire le samedi, pour aller a Richemond, mais le roy avait donné ordre qu'on apportat sa machine pneumat[ique] à dix heures pour nous la faire voir. M. Adams est venu lui-meme quoiqu'il ait beaucoup de peine à marcher. Cette machine est sur le dessein de M. *Smeaton* qui était venu d'Yorkshire ayant beaucoup de talent pour les machines. Les deux pistons donnent moyen d'avoir des soupapes en haut qui déchargent le piston du poid[s] de l'air, et de pouvoir faire la condensation ou la raréfaction a volonté. On peut raréfier deux mille fois au lieu que dans les machines ord[inai]res, cela ne va qu'à trois cents. Il y a plusieurs armoires en deux grandes pièces pleines d'instrumens, de machines et de livres. Le roy s'occupe toujours, le soir il a concert ou va voir sa mere, ou se promene avec sa femme, ou cause avec ses ministres ou va à la comédie ou à l'opera, mais jamais il ne recoit personne chés lui. Le roy a dit au doct[eur] Pringle qu'il savait que je devais lui etre présenté, et qu'il connaissait mes ouvrages.

Le duc de Buckingham qui était Jacobite avait fait bâtir cette maison pour braver le roy.[182] Son enterrement a Westm[inster] était plus beau que celui d'un Roy.

Le Roy va se promener dans un petit carrosse coupé, seul avec sa femme, treize gardes le suivent. Un matelot lui a jetté un placet dans son carrosse et le roy l'a pris. On n'entre point dans la cour ou il monte en carrosse. Le Roy nous a vû en sortant de son palais. Il a appellé un de ses gens pour donner ordre qu'on nous fit voir l'apartement de la reine, mais il n'a pas été obéi.

[182] John Sheffield, duc de Buckingham and Normandy (1648-1721); homme d'Etat et écrivain; favori de la reine Anne qui lui accorda ses titres; Lalande donne son épitaphe p.81.

Le 27

Au soir j'ai été avec M. Ma[?] le fils dans Longlane Southwark voir des taneries, la préparation [à la ch?] a la fiante de pigeon, a l'orge. Le soir Merlin est venu me voir aussi bien que M. — que j'avais vû à Berlin qui est sous maître dans une académie de quatre vingts enfans près de Maribone. On donne trente livres st[erling] de pension.

Hier au soir on a envoyé un constable a M. de la Condamine pour l'obliger à déloger le soir même, il leur a donné deux shelings, et ils s'en sont en allés.

Dimanche 28, jour de la Trinité

Je suis allé au jardin de Chelsée, Physick Garden – *hortus botanicus societatis pharmaceuticae londinensis 1686*. M. Miller y est depuis quarante-deux ans.[183] M. Hans Sloane qui possedait Chelsée tout entier a concedé a perpétuité pour cinq livres de rente cet emplacement aux apoticaires, en 1718. En conséquence il lui ont élevé une statue de marbre en 1733 comme a celui *qui hortum istum in botanices cultum et augmentum humanita assignavit*. Le batiment de l'orangerie et de M. Miller a quatre-vingt dix pieds de long. Il y a a côté quatre-vingt dix pieds de serres chaudes, et plus loin cent pieds d'une autre serre chaude. Ce jardin coute deux cents pièces d'entretien aux apoticaires. Ils souscrivirent pour le bâtiment en 1735. La liste des souscrip[tions] est dans la grande salle. Le docteur Sibthorp fait les leçons pendant six mois deux leçons chaque mois dont une a la campagne et l'autre au jardin ou les plantes médic[inales] sont rangées dans un quarré par ordre alphabétique.[184] M. Willmir [Willimir] est le botaniste qui a le jardin d'Oxford. M. Hill a été expulsé du jardin ou il volait des plantes pour les vendre.[185] M. Miller a trois ou quatre jardiniers. Il dit qu'il a six mille espèces. Il m'a promis de me donner quelques graines et plantes seches pour M. Duhamel.[186] Le jardin a une porte sur la rivière. La grande *marée* du dernier equinoxe a inondé une partie de son jardin, il n'en avait pas vû une semblable depuis quarante-deux ans.

[183] Philip Miller (?-?); jardinier en chef de Chelsea après la mort de sir Hans Sloane; il enrichit les collections botaniques de Chelsea; il adopta la classification de Linné.

[184] Humphrey Sibthorp (?-?); Sherardian professeur de botanique à Oxford; on a dit de lui: 'que le monde des sciences a dormi pendant les quarante ans de son professorat'.

[185] John Hill (1716-1775); le célèbre 'sir John Hill'; jardinier. *The Vegetable system* (London 1759-1775); *The British herbal* (London 1756).

[186] Henri Louis Duhamel Du Monceau (1700-1784); botaniste; il publia cinq traités importants sur les arbres de 1738 à 1768; il fit un voyage en Angleterre pour étudier les bois de construction.

La maison de M. Sloane le long de la rivière, ne subsiste plus. M. Dunn a son académie tout près du jardin, en allant vers l'hopital.[187] Il y a cinq cent invalides a l'hopital, on leur permet d'emporter leur pain et leur bol, etc., dehors de la hall.

C'était aujourd'hui la fête de la restauration de Charles II. On a tiré a une heure quarante et une pièces de canon dans le parc, et soixante et une à la tour, on a crié '*housa*'. La famille royale était a la fenêtre dans le pavillon de Charleton House.

J'ai vû au jardin le *mahogani, arbor fraxini folio catesby his. caroli. Cedrela linnaei, fleur monopétale quinquapar. fructus instar coni, inf. cedrus, unde cedrela.*

J'ai été voir la Cour a deux h. J'ai dîné dans ma chambre, delà chés Madame Majandi, Dennmark Street; chés Milord Hertford, pour nous faire écrire tous trois, c'est dans Grosvenor Street. Promener avec M. Bontemps dans Green Park ou il y avait beaucoup de beau monde, le thé chés M. Camus, la soirée chés M. de la Condamine, Suffolk Street vis-à-vis les envoyés d'Alger. Ceux des sauvages du Canada ont logé tout près de là dans la même rue.

J'ai vû Banquetink House a Witehall ou il y a un plafond de Rubens, c'est à présent une église.[188] L'orgue est contre les fenêtres murées. Les deux gardes a cheval qui sont de garde sont dans deux guerites de pierre aux cotés de Horse Guardes. Il y avait au dela une grande porte qu'on a abbatue depuis deux ans.

Lundi 29.

Partis pour Richmond à neuf heures et demie avec M. de la Condamine par un carrosse du Strand vis-à-vis de Newchurch pour deux sh; arrivé à midi. Le lundi, mardi et samedi on ne voit point Richmond, il a fallu donner une couronne au jardinier qui l'a reçû avec peine.

Nous sommes entrés par Richmond Green, beau quarré de cent toises en tout sens. Nous avons vû la loge du Roy, petite maison sans apparence, sans meubles dont les chambres sont basses et étroites d'un côté, assez passables de l'autre.[189] Le feu Roy y couchait quelquefois. On

187 ? Dunn (?-1794); mathématicien anglais; examinateur des aspirants de marine au service de la compagnie des Indes.

188 Banqueting House fait partie du palais de White Hall construit de 1619 à 1622 par Inigo Jones. Les plafonds de la Grande Chambre sont de Rubens. Ils furent installés en 1635 sous Charles Ier.

189 la Loge du roy était une petite métairie qui renfermait une collection d'animaux et d'oiseaux. C'était la retraite de George III. Richard Green faisait partie des jardins. *Guide de l'étranger*, p.719.

montre les couteaux avec lesquels il tailla des arbres. On y voit d'anciens portraits du dernier siècle; une petite bibliothèque pour le Roy.

Les jardins ont un mille et demi de long et un quart de large. La terrasse le long de la rivière est des plus belle, il y a un salon sur le bord. On fauche et on seme les intervales des allées, blé, foin, etc. On remarque l'endroit où l'on jouait la comédie appelé le théâtre, l'ovale, l'hermitage. Au bout la maison où habitait la reine quand le roy allait au Hanovre.

On retirait des filets de la peche du saumon, mais il n'y avait rien. Milord Mair afferme la pêche jusques là. La marée y monte jusqu'à inonder les jardins, quoique la Tamise y paraisse forte étroite.

Les chenilles dévorent toutes les feuilles chaque année.

Il y avait beaucoup de faisans et de lièvres, mais le Roy les a laissé deperir et les a même fait detruire, le jardinier dit qu'il est avare. Cela coutait mille pièces.

A gauche on voit une belle maison de Mil[ord] Northumberland qui était autrefois un couvent – et plus loin Brendfort. Nous n'avons pas eu le temps d'aller sur la montagne de richmond d'ou l'on a une très belle vüe.

Au bout du parc de R[ichmond] on trouve le village de Kew (kiou), la maison du Duc d'York, celle des deux princes, celle de Milord Bute et celle de la princesse qui est la plus grande et qu'on blanchit chaque année.

Les jardins ont un mille de long et un quart de large.[190] On y voit des bosquets et des amphitheatres de fleurs et d'arbres étrangers, de grandes volières où sont des oiseaux étrangers.

Grande tour chinoise a dix étages et a deux cent cinquante-trois escaliers, cent soixante-douze p[ieds] de hauteur qui est décrite dans le Gentleman Magazine, May 1763. Il y a quatre-vingts dragons.

Un chiosque à la turque: le temple des Maures, des ruines très bien imitées, une mosquée turque avec le dome et les deux minarets ou le sacristain va pour appeler le peuple.

Temple de la victoire du soleil, sur les desseins du Roy, Abaye de Westminster, grande et belle orangerie en pierre a coté de la maison. M. Chambers vient d'en donner les desseins en seize feuilles, quarante-huit livres de France.[191]

[190] les jardins de Kew dans le Surrey furent décorés de constructions variées: une orangerie, un temple du soleil, un jardin botanique, etc. La collection botanique fut commencée par lord Capel à la fin du dix-septième siècle. La Tour Chinoise, construite en 1761, est placée en face du lac. *Guide de l'étranger*, p.712.

[191] Ephraim Chambers (?-1740), F.R.S.; auteur d'un dictionnaire scientifique *Cyclopaedia* (London 1728) que Diderot traduisit et qui est à l'origine de l'*Encyclopédie*.

Nous avons pris la poste pour aller à Hampton Court, en passant par Ham ou il y avait une foire, et par Kingston – six miles, trois-quarts d'heure de chemin.

Le chateau d'Hamptoncourt est ancien.[192] Il fut bati par le Card[inal] Volsey comme whi[tehall]. Le Roi Guillaume le racomoda, il est tout de briques. Deux grandes courts sans compter les batiments de l'entrée, grands escaliers ou sont peints les douze Cesars, les dieux, etc. Il y avait autrefois un jardin botanique sous la direction de Pluk̃net.[193]

Les sept cartons de Raphaël sont dans une petite galerie, et representent les miracles de J[ésus] C[hrist] et des actes des apotres. Charles I s'y plaisait, et il y fut en prison. (V. Tour Thro' Gr. Brit. I-237).

Les jardins sont fort beaux, grandes allées, pièces d'eau, environnés de murs.

Nous sommes revenus a Faxall, douze milles; pour le tout dix-huit shellings. Souper avec M. de la Condamine.

Mardi 30.

J'ai été à Hackney, je suis revenu par Hoxton Road, j'ai vû Hoxton Square, bien bati, garni de jolis arbres avec un gazon fermé, delà a Charles-Square planté d'arbres qui sont taillés en pain de sucre aux dépens des habitants du quarré. Il n'a qu'une seule entrée. Old Street qui n'est point pavée, Sutton Street dont toutes les maisons sont en ruine, plus pauvres et plus vilaines que dans les plus miserables villages.

Chés le docteur Bevis qui m'a fait voir deux traductions, des ouvrages de la Condamine, l'une sur l'obliq[ue] de l'éclip[se], l'autre sur le voyage d'Italie, qui n'ont jamais été publiées.[194] La première est imprimée mais M. Halley voyant que cela était contredit par Godin ne voulut pas la laisser paraitre, la deuxième commençait à s'imprimer quand celle de M. Thomas a paru, pleine de fautes et d'ignorance.[195]

[192] Hampton Court, le plus grand des palais royaux; Elisabeth y installa le premier jardin botanique; le palais construit par le cardinal Wolsey fut détruit en partie en 1690 et reconstruit sur les plans de Christopher Wren. *Guide de l'étranger*, p.706.

[193] Leonard Plukenet (1642-1706), botaniste. *Almagestum Britannicum phytographia plukenetiana* (London 1691-1692); *Opera Britannica* (London 1720).

[194] les titres de ces ouvrages ne se trouvent pas dans les catalogues des grandes bibliothèques que j'ai pu consulter. Le catalogue du British Library mentionne: *Journal of a tour to Italy* (London 1763).

[195] Louis Godin (1704-1760); astronome; Académie des sciences; alla au Pérou (1735-1742) avec Bouguer et La Condamine.

Edward Thomas (?-?), F.R.S.; on trouve dans le catalogue du British Library la note suivante: *An extract from the observations made in a Tour to Italy by the chevalier de La Condamine... Translated by a Fellow of the Royal Society* (London 1768).

Le soir j'ai été me promener à Queen Anne Square, petite place qui donne dans le parc; où il y a une petite statue de la Reine Anne; j'ai été voir l'église de S. John qui est au delà, la prison qui est a l'entrée du cloitre de Westminster sur la porte, et l'école de West[minster] où quarante jeunes gens sont élevés. Ils couchent tous dans une immense sale où ils sont comme des cochons les uns sur les autres. L'ecole ou ils sont depuis sept heures jusqu'a midi, et depuis deux heures jusqu'a cinq heures est une seule sale pour tous les maitres. Dans leur refectoir le charbon est au milieu sur de la pierre, et le toit est ouvert pour laisser passer la fumée.

Le frere de Sir James [McDonald] m'a fait voir tout cela. Il y a un grand batiment neuf dans le cloitre, destiné a faire un coté d'un quarré nouveau.

M. Camus a écrit une lettre aux comissaires, pour leur dire qu'il ne peut pas rester plus longtemps ici.

M. Bevis est venu avec moi chés M. de la Condamine.

M. Berthoud et Henri sont venus d'Oxford, de Stow, de Windsor, de Buckingham et me sont venus voir le soir.

JUIN 1763

Mercredi 1^{r} juin

J'ai éte présenté au Roy par le Cte de Coventry,[196] chamberlan de semaine et par M. Déon, résident de France, j'ai présenté aussi La Connaissance des temps de 1763 au Roy.

J'ai dîné chés le doc Pringle avec M. Camus et M. de la Cond[amine] quoique je fusse invité chés M. Olivier. J'ai été me promener avec M. de la Cond[amine]. J'ai fait connaissance et j'ai causé longtemps avec Milord Hertfort qui va être ambassadeur en France.

Les Quakers ont presenté leur adresse au roy. On a mis dans le Public Ledger du 30 l'aventure de M. de la Cond[amine] avec Md. Strafford, sans la nommer.[197]

196 George William, lord Deerhurst, comte de Coventry (?-1809).

197 on l'a décrite aussi dans *The Gentleman's magazine*. L'article est divisé en deux parties. Dans la première, La Condamine s'adresse au peuple anglais et raconte qu'en revenant chez lui à 9 heures du soir, deux hommes entrèrent dans sa chambre et menacèrent de l'arrêter s'il refusait de déménager. Il refusa, écrivit une lettre au représentant Français (l'ambassadeur, M. de Nivernais, était en France). Les hommes de loi qu'il consulta le découragèrent de s'adresser à la justice et lui conseillèrent de déménager.

Dans la seconde partie, la propriétaire de l'établissement répond: elle accuse La Condamine d'avoir introduit deux filles dans sa chambre et d'avoir menacé la femme de

Le 2.

J'ai fait des visites avec Camus et la Cond[amine], Mad de Boufflers, etc.

Dîner à la Mittre; à la Société Royale; au comité de la Société des arts. Je vis examiner au Comité de la Société des Arts une machine qui peut avertir le maître d'un incendie dans une chambre quelconque. M. Camus a présenté son mémoire aux comissaires de l'affaire de Harrisson pour avoir une reponse.

Le 3.

J'ai été a Hackney chés M. Ellicot faire mes adieux au museum, dîner à la pomme de pin, j'ai écrit à Mad de P. . . . , M. de Mairan, Romilli, ma mere, MM. Genet, Adamson, Montigni, Fouché, Arnaud.[198]

Je voulais partir lundi. M. de la Cond[amine] a qui je suis nécessaire m'a fait voir une lettre de sa femme qui me *fait sa cour* pour que j'aie soin de lui, elle souhaite que je sois aime d'une femme comme elle aime son mari; je lui promets de ne pas repartir que je ne lui sois inutile.[199]

On a inseré dans le Public Advertiser du 3 la dénonciation en français que fait M. de la Cond[amine] à la nation anglaise contre Mad Strafford. Le soir nous avons eu assemblée chés MM. de la Cond[amine], Bevis, Short, Maskeline, Camus.

J'ai été voir la machine de Northumberland Court qui appartient aux marchands, et qui va par l'égout de Charing Cross.

J'ai ete voir M. Bird qui m'a fait voir les détails des deux instr[uments] de M. le président de Sar. . .[Sarron] M. Watkins m'y a conduit.

Samedi 4, jour du Birthday[200]

J'ai ete a la cour qui était extraord[inairement] nombreuse. Le duc de Cumberland et la princesse Amélie y étaient.

chambre avec un canif. Elle lui souhaite ironiquement bon voyage. *The Gentleman's magazine*, no. 233 (juin 1763), pp.304-305.

Nous n'avons pu consulter ni le *Public ledger*, ni le *Public advertiser*.

[198] Michel Adamson (1727-1806); botaniste; Académie des sciences. *Histoire naturelle du Sénégal* (Paris 1757).

Etienne Mignet de Montigny (1714-1782); Académie des sciences; ingénieur et géomètre; neveu de Voltaire.

Fouché: peut-être Jean-Paul Grandjean de Fouchy (1707-1788); astronome; inventeur de la méridienne du temps moyen; secrétaire perpétuel de l'Académie des sciences.

abbé François Arnaud de Grand-Champ (1721-1784); Académie française et Académie des inscriptions et belles lettres.

[199] mme de La Condamine (?-?); nièce de La Condamine; il reçut une dispensation spéciale du pape Benoît XIV pour l'épouser.

[200] George III est né le 6 juin 1738.

J'ai dîné chés Mad Dutems où j'ai vû la belle pendule qu'elle avait fait faire pour le gr[and] visir et qui coûte trois cent mille liv tournois. J'ai été voir le docteur Hill. Il m'a fait voir le cinquième volume de son histoire des plantes, soixante pl[anches] enlum[inées] et faites au dépens du Roy et de Milord Bute. Il a un jardin à Kinsington de deux mille huit cents especes, il n'y en a pas tant a Chelsée. Il m'a fait voir des ressemblances entre les vegetations metalliques de plusieurs dissolutions et les differentes mousses; mais Milord Bute ne veut pas qu'il fasse là-dessus de raisonnements.

Le soir au bal a neuf heures le duc d'York l'a ouvert avec la princesse Auguste, chacun danse par billet selon son rang illustre.

Dimanche 5 juin

J'ai été voir M. Smollett qui se porte mal. A la cour, ou nous devions être presentés a la reine, mais elle etait malade.

Dîner chés M. Déon avec le p[ère] de la Valette.

Voir le jardin et la terrasse du duc de Richemond dans Spring Garden ou il doit y avoir bal de lundi en huit.

Visites d'adieux.

Lundi 6

J'ai eté voir M. Wadington, Simon, Blaquiere à Greenwich avec cinq femmes. Dela a pied a Wolwich. J'ai vu dans le King's Yard cinq vaisseaux de soixante-quatorze, la forge des ancres, et plusieurs autres bâtiments. Il y a cinq mille ouvriers. Le Gun's Warin, ou parc d'Artillerie cent canons français (de trente-six ou quarante-deux) de S. Malo, Cherbourg, du Foudroyant. J'ai vû décharger un vaisseau qui venait de Lisbonne et qui a transporté des bales. J'ai vû tirer de but en blanc a cinq cents yards. J'ai *pleuré* sur nos malheurs.[201] J'ai vû la fonderie, le fourneau où l'on refond des canons – il faut douze heures de feu, les moules, les noyaux, la machine à forer les canons, la corderie roop-yard. Revenu a pied a Grenwich et delà a Londres a sept heures pour six pence.

Voir M. Morris qui m'a fait espérer la publication des nouvelles tables de Mayer et des Obs[ervations] de Bradley dans les Trans[actions] phil[osophiques].[202]

[201] les défaites de la Guerre de sept ans; les Anglais confisquèrent la plus grande partie de la marine française.

[202] Christian Mayer (?-?); professeur de mathématique à Heidelberg. *Basis Palatina,... hoc anno 1763 novis mensuris aucta et confirmata, recentissimisque observationibus et calculis stabilita* (Mannheim 1763).

Le soir chés M. Short. Souper avec M. White, Mesdem[oiselles] White, Mad Carrel dont le mari est à Caen, où mourut le fils du pré-s[ident] Folkes. Nous avons vü le feu d'artifice du duc de Richemond, son illumination, les fusées qui étaient sur l'eau. Il y avait cinq cents masques, mais il fallait des habits de quinze à vingt guinées.

Le 7 juin

J'ai été avec M. de la Cond[amine] en divers endroits, mach[ine] du pont de Londres, diner chés M. Déon avec M. de Viri,[203] M. le C[omte] d'Usson, M. le Bailli de Fleury, le P[ère] de la Valette, Maty, Pringle. Nous étions seize le soir. Le p[ère] de la V[alette] m'a donné son mém[oire] en forme de lettre au P[ère] *général.* Nous avons été voir encore la chaise marine d'Irwin et dire adieu au P[ère] Courayer.

Le 8

J'ai été chés M. Short avec Berth[oud] voir son telescope equatorial de cent vingt-cinq guinées, son grand telescope de six pieds de foyer.

Chés M. Bird voir le secteur destine pour Philadelphie.

Dîner chés M. Fothergill,[204] Miss. . . , et l'un des principaux Quakers, celui qui présente l'*adresse* au roi au nom de tous, il a le plus beau coquillier,[205] le mieux rangé, le plus élégant que j'aie jamais vû.

Dela j'ai mené M. de la Condamine a la nouvelle rivière, chés la veuve Roque et je suis revenu faire ma mâle.

M. Fothergill a un morceau de bois où on voit le *camphre* dans les fentes, une cheminée toute garnie d'as[tragales], une coquille mince comme un *peau d'oignon.*

M. Merlin est venu me voir le soir et m'a raconte les critiques populaires dont nous sommes l'objet dans la ville de Londres, parmi les horlogers, surtout M. Berthoud.

Le jeudi 9.

J'ai retenu place près du pont de Westminster.

J'ai été voir M. Déon; de là chés Cole.

[203] comte de Viri (?-?); ministre de Sardaigne à Londres; il avait offert (avec le Bailli de Solar) ses services pour préparer les conditions de la paix.

[204] John Fothergill (1712-1780); médecin anglais; fonda un riche jardin botanique. *A catalogue of the collection of hothouse and greenhouse plants* (London 1781).

[205] armoire à nombreux tiroirs servant à conserver des collections de coquillages. Les collectionneurs du dix-septième et dix-huitième siècles firent fabriquer des meubles spéciaux qui reçurent le nom de coquilliers.

Dans Cupp Gardens vis-à-vis de Sommerset House il y a une manuf[acture] de vinaigre de malt. J'ai vû un magasin d'ardoise de Westmoreland; j'ai acheté plusieurs livres près de Whitehall.

A l'abbaye de Westminster où j'ai lû l'épitaphe de John Duc de *Buckingham*, mort en 1720 [1721].

Epitaphe du Duc de Buckingham dans la chapelle d'Henry VII à gauche: *Dubius sed non impius vixi incertus morior non perturbatus humanum est nescire et errare. Deo confido omnipotenti benevolentissimo ensentium miserere mei.*

Ce Duc était avare, peu estime. C'est lui qui avait fait bâtir le Queen House. Il a eu un fils naturel d'une dame qui passait pour sa fille. Il avait mis dans cette épitaphe: *Pro rege saepe, pro pātria semper*, et ensuite, *Christum advenerор, Solidu[m] confido.*

J'ai été voir M. Maty, etc. On a décidé après de longs débats à la Société Royale que les obs[ervations] de Bradley et Halley seront imprimees aux frais de la Société et de même chaque année.

Le 10 juin au matin parti de Londres.

Le 10 juin 1763.

Le 10 à six heures du matin parti de Westminster Bridge, passé le long du parc de Greenwich et de la Shooter's Hill à huit milles d'où l'on voit toute la ville à decouvert.

A onze heures et demie nous sommes arrivés a Chatham qui est a trente milles. On y batit un vaisseau de cent seize appelé la Victoire, et quatre de quatre-vingt-dix. Nous y avons changé de carrosse.

A Ospring, quarante-six mille, trois h, changé de chevaux; a Canterbury, cinq heures, changé de carrosse. J'ai été voir l'eglise. J'y ai vû le tombeau du prince noir, la pierre sur laquelle T. Becket fut assassiné.

Arrive à huit h a Douvres, logé vis-à-vis le lyon blanc a King's Head: voiture, vingt sh, mâle, dix sh, étrennes, un sh, déjeuner, six pence. Coucher a King's Head: coucher et souper, cinq sh, porteurs et comissionaires, deux sh.

Nous avons mis a la voile a neuf heures vingt-cinq; une heure et demie avant la pleine mer; nous arriv[âmes] à douze heures trente-neuf.

Le passage de Douvres à Calais est généralement plus court que celui de Calais à Douvres à cause de la marée, le premier se fait quelqu[efois] en deux heures et demie.

M. le Duc de Betfort partait, on l'a salué avec le canon du port et avec le pavillon. J'ai donné pour le passage douze sh. C'est l'ordinaire à ce qu'on m'a dit, M. Minet me trompa en me faisant donner quinze shill. En tout il m'en coûte jusqu'à mon arrivée à Calais 5 ⟨1 shil⟩.

Le soir avec M. Blondeau, hydogr[aphe] du roy a Calais, et M. Genousse, constructeur du roy au Havre. J'ai été voir l'ecluse d'Asfeld qui ferme une branche du canal de S. Omer et d'un autre canal de décharge, il y a une porte tournante sur son milieu, et une porte busquée, pour empêcher la marée de remonter dans le canal.

M. Genousse m'a dit que le pont additionnel des anglais, sous la première batterie, est ce qui contribue le plus à la liaison de leurs vaisseaux, leurs vergues sont plus courtes pour pouvoir pincer le vent, leur mâts plus minces et plus courts, leur arrimage est meilleur, ils n'ont pas tant de manœuvres, ils n'ont point de fosses aux cables mais ils les étendent au milieu, ils ont deux paires de bittes, ce qui charge moins une extremité du vaisseau, leurs officiers sont plus instruits parce qu'il y a plus de subordination.

M. Grognard, Olivier, et Coulon sont les construct[eurs] les plus estimés.[206] Cependant ils n'ont que le titre de charpentiers, M. Grognard a manqué douze prames du Roy qui n'ont pas eu assez de capacité.

On a affiché la vente de cent dix bateaux plats a Roüen avec tous leurs apareils, au profit du Roy par ordre du controleur géneral.

M. La Motte à Brest est un jeune constructeur fort estimé.

L'Espagne a donné ordre d'acheter tous les vaisseaux qu'on pourra en Angleterre et il paraît que M. Genou[sse] a quelque semblable comission de M. de Choiseul, car il a fait plusieurs voyages en Angleterre. Il a été à Plymouth mais il n'a pas pu voir le bassin, il faut un ordre de l'amirauté.

On travaille a démolir le bassin de Dunkerque mais on craint bien qu'il ne faille piloter le port.

J'ai vû History and Analysis of the *Jasminium ramo uniflore pleno petalis coriaceis* du cap de b. e. [Bonne Espérance], exceed in beauty smell and duration every plant yet known to the botanist of Europe. Flowered in the curious garden of R. Warner, Esq. at Woodford, July 1758, décrit, dessiné et gravé par M. Georg Dyon, Ehret, f[ellow] of the R[oyal] S[ociety] and member of the imp[erial] ac[ademie] ant[iquaries] curios.

Parti de Calais le dimanche 12 a six h, passé au *Pont Sans-Pareil* à deux lieues de Calais – qui est sur le Canal de Calais –, S. Omer, *Ardes*

[206] Antoine Grognard (1727-1797); constructeur de vaisseaux et ingénieur maritime.

et Gravelines. Le chemin passe dessus dans l'angle des deux canaux, nous avons pris un bateau pour le voir. Nous avons passé à *Ardes*, ville fortifiée. Pour la couchée et la dînée de Calais cinq livres seize sols. Pour le carrosse qui nous mene à S. Omer: douze livres huit [sols].

Nous étions quatre et nous avons été en cinq heures et quart quoiqu'il y ait huit lieues.

J'ai vu a Calais M. Carpentier, procureur du roy de l'amirauté, ami de M. Guérin et de M. *Sérard*, de Paris, medecin de l'hopital, où il y a jusqu'à sept cents malades, il ne les voit presque mourir que dans la *haute-mer*.

La voiture d'eau de S. Omer a Dunkerque va tous les jours. Celle de Calais a S. Omer deux fois par semaine. La diligence de lille a Paris, de deux jours l'un, cinquante-cinq livres. La messagerie de S. Omer a Lille deux fois par semaine neuf livres.

Le 12 juin.

Etant logé à la conciergerie de l'ho[tel] de ville sur la place de S. Omer, j'ai dîné en table d'hôte avec les offic[iers] du rég[iment] de Piemond numéro quatre et du rég[iment] de Chartres, cavalerie.

Nous avons vû l'église et le thrésor de l'abaye de S. Bertin ou il y a plusieurs reliquaires et vases très riches. La cathedrale ou il y avait un tapis de fleurs que les hospit[aliers] font tous les ans le jour de la fête de S. Omer en mémoire d'un miracle.

Il y a six paroisses et vingt-sept autres eglises a S. Omer et dans les environs. La maison des Jésuites anglais est une des plus belles, ils étaient fort aimés a S. Omer. Il y a une maison à deux [lieues] sur le ressort de Douay.

Il y a trois portes, de Nar, de St. Michel, du haut [pas], de grandes allées d'arbres à chacune.

Nous avons été voir dans un carrosse d'eau une des îles flottantes, trente-six pieds de large et quatre d'épaisseur à un quart de lieu de la ville, pour vingt-quatre sols les [trois?] On conduisait le bateau à la perche.

Nous avons fait le tour du rampart qui est fort agréable et planté d'arbres.

S. Omer est representé avec un bateau, parce que la mer venait jusqu'ici dans ce temps-là.

Lundi 13.

Je suis allé pour douze sols à Watten, grande maison des Jesuites a deux li[eues] de S. Omer, du haut de leur tour on voit sept villes fortes, et jusqu'au château de Douvry. Il y a quinze novices anglais, dix frères, dix pères, vingt domestiques. Il y a trois gardinateurs de la saisie. Depuis le 14 aoust, ils vivent sur l'argent qu'ils ont détourné ou qu'ils tirent d'Angleterre, ils ont plus de vingt mille liv de rente.

J'ai été voir la maison des Jés[uites] anglais à S. Omer qui est fort belle, ils ont emporté à Brüges le meilleur. Ils sont si aimés dans le païs que les huissiers ont été attaqués plusieurs fois, et étaient en danger de leur vie. Il y a onze maisons de Jesuites dans le ressort de Douay. Le Président est pour eux, mais ils ont aussi des ennemis.

Je suis revenu de Watten par le carrosse d'eau de Dunkerque qui revient tous les jours. On donne vingt ou trente sols selon les places. De Dunkerque à S. Omer, on part à sept heures, on arrive à cinq. Il y a deux chevaux qui traînent le carrosse.

Le mardi 14.

A cinq heures du matin partis de la place de S. Omer dans un carrosse à huit places. Nous avons passé à huit heures à [Aire sur la lys], ville forte; dix heures et quart a Lillers. Dîner a Béthune, ville forte dont les remparts sont fort agréables. Diner ⟨2 liv⟩. Passé a La Bassée qui est à cinq lieües de Lille et a Fournes qui en est a trois lieues. Carosse, neuf livres; malle, deux livres.

Lille

Loger au Petit Bourbon sur la grande place, vis-à-vis la Bourse. Nous avons pris un fiacre, deux h de temps, pour aller voir l'église de S. Pierre, Ramponeau, très jolie guinguette, la Citadelle, l'arsenal, l'esplanade, l'académie de manège, les magasin des états, l'hôpital général, les rivages de la Basse-Deusler [Deûle], le pont neuf, Luik, le canal d'Ypres. En passant nous avions vû la *Nouvelle Aventure*, très belle guinguette près la porte de Dunkerque. J'ai payé a S. Omer six livres. J'y ai perdu ma redingote rouge. A Lille pour voir la ville et pour souper quatre livres pour ma place-cinquante cinq livres 6 sols; pour ma male à quatre sols par [relais?].

Le mercre[di] 15.

Partis de l'isle à quatre h. C'est à cinquante lieues de Paris. On fait vingt lieues le premier jour et trente le second. Nous avons changé de chevaux à Pont à Mar[cq?] trois lieues de Lille à huit h. Nous sommes arrivés à Douay qui est à sept lieues de l'isle.

A onze heures nous sommes arrivés à Cambrai, douze lieues de [Lille?] et trente-huit de Paris. Nous y avons dîné. J'ai été voir le palais arch[iépiscopal] fort vieux, et la métropole où il y a beaucoup de marbr[eries].

Partis a une h, arrivé a six h à l'hôtel des femmes de Per[onne], huit lieues de Cambrai et trente lieues de Paris. Il y a cinq paroisses et sept couvents, environ cinq mille ames. Elle n'a jamais été prise. Nous en sommes partis a minuit.

Le jeudi 16 juin

Arrivés a Airoi à quatre heures et demie, à Goum[?] a sept h et demie. C'est a dix-huit lieues de Paris. Nous y avons déjeuné. Pont [sur Oyse] a dix h et demie, à douze lieues de Paris, nous y avons dîné. Nous sommes repartis a minuit et arrivé à sept heures à Paris.

Le 16

Fiacre, étrennes, quatre livres. Total de la dépense de mon *retour par S Omer et Lille, cent soixante-treize livres.*

A mon retour je dois trois cent trente-quatre livres de net qui avec huit cent quarante-trois que j'avais emporté font mille cent soixante-dix-sept livres, total de la dépense de mon voyage d'Angleterre depuis le quatre mars jusqu'au dix-sept juin 1763.

Total 1177 livres.

Marine

L'amiral Hawk est le seule du pavillon blanc qui soit en état de servir.[207] M. Knowl[es] est le premier du bleu; ceux du rouge, sont après. Il se brouilla avec Mil[ord] Anson[208] (et Pitt) qui voulai[en]t qu'on prit Rochefort à quel prix que ce fut, mais le duc de Cumberland le dédommage de toutes ces injustices par son amitié. L'amiral Hawke lui a dit que dans l'aff[aire] du 20 novembre 1759, si M. de Conflans fut resté en panne ou s'il eut pris son parti de se retirer de bonne heure, il ne pouvait rien lui arriver, mais il changea trop souvent de résolution.[209] Il fait cas de M. de la Clue, il se comporta bien dans l'affaire sur

[207] le pavillon blanc indique ici que la paix a été signée.

[208] lord George Anson (1697-1762); *A voyage around the world* (London 1748), traduit en français en 1749.

[209] Hubert de Brienne, comte de Conflans (1690-1778); amiral de la flotte de Brest; vaincu par Hawke à Quiberon en 1759. Cette défaite marqua l'échec du projet de débarquement au sud de l'Angleterre formé par le gouvernement de Louis xv.

les côtes d'Espagne.[210] Il dit qu'il n'y a aucun bon v[aisseau] en Angleterre, que ceux de France, d'Esp[agne], et de Holl[ande] sont meilleurs.

L'académie de Mar[ine] a Portsmuth dont M. Robertson est chef est composé[e] de douze maîtres payés par l'état, pour enseigner trente jeunes gens, qui doivent y être trois ans et encore trois ans en mer avant de pouvoir être lieutenans. M. Robertson a éprouvé que le dock de M. Bouguer n'est pas praticable.[211]

Marine anglaise

L'amiral Knowle m'a fait voir le 20 may un état de la marine d'Angleterre, où il y a cent cinquante-neuf vaisseaux de ligne, y compris ceux de cinquante canons et cent soixante-dix-neuf fregates. Il n'y en a que quatre de cent canons et treize de quatre-vingt-dix. Les vaiss[eaux] de soixante-quatorze sont ceux dont il fait le plus de cas. Un de leurs plus estimés appelé *Fame* a les dimensions suiv[antes].

Longueur de la ligne de flotaison	165 1/2
Longueur de la quille	135.8
Largeur	46.7
Creux	19.10 1/2
Port du vaisseau en toneaux	156.6
Nombre d'hommes pour le service	650

Soixante-quatorze canons, Bird le constructeur, sur les desseins de W. Bately Sq.

Drago 168..137, 11..46,7..19,9..161,4..650...74., par M. Hayes sur le modèle du vaisseau français l'*Invincible*. Il m'a montré que presque tout les vaiss[eaux] français de soixante-quatorze ont eté fait sur ce modèle. (Il fut pris par Milord Anson dans la dernière guerre.)

Autre: 168 .. 139 .. 47 .. 18, 10 .. 1615 .. 650 .. 74 ..Torbays, Le Magnanime, l'un des vaiss[eaux] français, dont on fait le plus de cas en Angleterre a les dimensions suivantes 173,7 .. 140, 7 1/2 .. 49, 6 .. 21, 0 1/2.. 1833.. 74. Il fut pris sur les français par le v[aisseau] le Nottingham.

Les vaiss[eaux] anglais de cent canons ont deux mille toneaux.

Saunderland et Mungo-Murray sont les deux meilleurs auteurs sur la

[210] m. de La Clue (?-?); amiral de la flotte française en Méditerranée; vaincu en août 1759 par Boscawen.

[211] Pierre Bouguer (1698-1758); mathématicien et physicien français; Académie des sciences. En 1735 il alla avec Godin et La Condamine au Pérou pour déterminer la figure de la terre. *Théorie de la figure de la terre* (Paris 1749).

const[ruction] des vaiss[eaux], mais M. Knowle assure qu'ils ne valent rien du tout.[212]

Le 21

M. Knowl nous a avoüé que de tous ces vaisseaux il n'y en avait pas cinquante en état de servir. Milord Bute n'avait point pris assez de soin de les faire reparer, il etait obligé de payer l'argent trop cher, il oberait la nation, le moindre revers pouvait lui être funeste. Voila pourquoi il a fait la paix, mais il aurait du venir sur les fortif[ications] de la Havanne (fort Mooro) et *de la* Martinique.

Philos[ophical] Transactions en feuilles. (Il y a un sh et demi de remise pour le libraire, six sols pour la brochure, deux sh pour la reliûre.)

1753 etc., 9 . . 12 . . 9 . . 10 1/2 . . 10 1/2 . . 12 . . 12 . .
1760 . . 14 . . 12 shellings. MM. Davis et Reymen in Hoborn

ANECDOTES LITTERAIRES

M. Dollond, le père, en 1752 était un wiver [weaver], ouvrier en soye, dans Spitalfields que M. Short attira dans le Strand, sachant qu'il avait du talent, il paya même ses dettes.[213]

M. Hall, vers 1728, avait eu l'idée de faire des objectifs de deux matières, M. Bevis a une lunette de ses essais, M. Short conait un homme qui avait travaillé pour lui.[214]

Milord Maclesfield veut faire donner dix mille livres st[erling] pour le prix des longit[udes] à M. Bliss, et voila pourquoi il est opposé a Harrisson.

M. Grenville est beau frère de M. Pitt et frère de Milord Temple, mais cela n'empêche pas que M. Grenville ne soit du parti de la Cour, et les autres dans l'opposition.

Il y a trente ans qu'il n'y a plus de gladiateurs à Londres, Broughton a été le d[erni]er.[215] Son amphit[héâtre] est encore dans Tothenham Court Road, au nord de Soho Square. R — qui avait imaginé la toupie[216] perit avec le grand vaisseau *la Victoire* et mille trois cents h[ommes]

[212] Alexandre Mungo-Murray (?-1770); constructeur de vaisseaux; ami de la comtesse de Boufflers. *A treatise on shipbuilding and navigation* (Paris 1754).

[213] Jean Dollond (?-?); huguenot, émigra en Angleterre. Son fils, John Dollond (1706-1761), devint opticien du roi et inventa un télescope achromatique; F.R.S.

[214] Chester Moor Hall (1703-1771); travailla au télescope achromatique.

[215] 'Gentleman' Jack G. Broughton (?-?); gladiateur.

[216] toupie: instrument pour observer l'horizon en mer malgré le roulis et le tangage (Littré).

d'équipage sans qu'aucun en ait récha[p]pé, il craignait la mer et ne voulait aller que sur un grand vaisseau.

M. Simmer est a la campagne mais presque a la mort.

M. Smeaton est dans Yorkshire pour la conduite d'un canal que l'on doit faire.

M. Harrisson était charpentier pour les chars et les charrues. M. Fergusson était berger, milord Morton disait à Mil[ord] But[e] qui est-ce [qui] a recommandé Milord Maclesfield.

Au mois d'aoust 1762, on lut au conseil de la Société Royale une lettre de l'executeur test[amentaire] de M. Bradley qui offrait de remettre actuellement les papiers à la Soc[iété] Roy[ale]. Cette lettre a été retirée par quelqu'un, il n'en est point fait mention sur les registres et M. Bliss a dit à M. Short qu'il ne pouvait rien en commu[niquer] jusqu'à que Mademoiselle Bradley ait vingt et un ans et puisse rendre ses papiers à la Soc[iété] Roy[ale].

M. Bradley ne voulait point obéir aux décisions du conseil de la Soc[iété] Roy[ale]. On avait décidé en 1748 qu'il remettrait toutes les observ[ations] chaque année; [?] autrefois qu'il donnerait la déclin[aison] de l'aiguille et inclin[aison]. Il ne l'a jamais d[onné].

Il y a douze juges d'Angl[eterre] dont quatre au King's Bench, quatre aux *Common plais*, quatre a l'Echiquier.[217] Leurs jugements ressortissent a la Ch[ambre] des Lords; quelques affaires ressortissent au Conseil privé du Roy comme celles des ambassadeurs. Il y a près de quatre-vingts conseillers à ce conseil mais fort peu y vont.

M. Wilkes, étant mandé samedi chés le secrétaire d'état Halifax, refusa de répondre a aucune de ses demandes et quand Milord lui eut dit qu'il était obligé de l'envoyer a la tour, Wilkes lui parla de ses tableaux et admira ses peintures. Tout le monde a été le voir dimanche à la tour, Milord Temple a voulu lui envoyer son carrosse pour aller à Westminster ou son affaire a dû être débattue. M. Churchill s'est absenté ayant été averti par M. Wilkes.

M. Ellicot m'a dit que Harrisson le haissait si fort qu'il avait dit qu'il renoncerait plutot à la récompense des longit[udes] que de faire connaître son invention à M. Ellicot.

[217] en 1820, on compte encore quatre juges à l'Echiquier et quatre au King's Bench. La cour de l'Echiquier juge les affaires de finances. Le King's Bench est le tribunal dont l'autorité est la plus étendue et la cour des Common Pleas s'occupe des causes civiles. *Guide de l'étranger*, pp.319-21.

M. Graham disait à M. Pringle que l'horlogerie se perfectionnait beaucoup en France et que nous les surpasserions.[218] Il disait à M. Short que dans les montres de France il y avait des parties excellentes et des parties négligées.

M. Jones, mort il y a une douz[ai]ne d'années est celui qui avait fait l'explic[ation] des tables de Gardiner.[219] En May 1763 M. Vaillant en a encore trouvé six exempl[aires] en feuilles mais ils lui coûtent trente-six sh quarante et une livres.

Le 12 may M. Baskerville écrit à M. de Nivernois en lui envoyant le *specimen* de ses caractères, et offre au Roy de France son fond, ses secrets, etc. pour huit cent mille livres sterling, ayant perdu son fils unique et voulant se retirer.

Les moyeux des roües de charrettes ont une rentrée qui couvre la cheville de l'essieu, et une entaille par laquelle on la fait entrer. On craint moins qu'elle ne se perde et ne s'accroche [voir planche 4].

Avant les impôts sur l'eau de vie et la défense de la vendre a petite mesure, le peuple déperissait, les femmes perdaient leurs enfants.[220]

Vers 1690, Guill[aume] III avait signé un ordre pour égorger les gens d'un village d'Ecosse, et il ne savait pas qui avait donné cet ordre, m[ême] les secrét[aires] d'état.[221]

La Soci[été] Royale a environ mille pièces de revenu, chaque Anglais donne un shellin[g] par semaine, cinquante-deux shell par an. Il y en a 350 [membres]. On pense a acheter une grande maison;[222] autresfois on s'assembla a Gresham College mais on eut dispute avec les professeurs.

L'adresse de la ville de Londres au Roy n'a paru que le 15 de may, et a été faite en l'absence du lord maire qui est fort opposé au ministère et a la paix.[223]

Dans le theatre de Covent Garden il y a deux cents personnes employées qui reçoivent depuis trente shillings jusqu'à dix guinées par semaine pendant le temps que l'on joüe seulement. Les quatre mois

[218] George Graham (1675-1751); horloger et astronome; F.R.S.

[219] Jones: sans doute William Jones, F.R.S., qui a édité Newton et Flamsteed.

[220] cet impôt date de 1751 et encouragea le peuple à boire de la bière. R. Ben Jones, *The Hanoverians* (Leicester 1972), p.21.

[221] Guillaume III devint roi d'Ecosse en 1689 et se montra indulgent pour les Ecossais. Nous n'avons pas trouvé trace de cette anecdote.

[222] la Société Royale se réunissait à Crane Court depuis 1710. On déménagea à Somerset House en 1780 sous la présidence de Joseph Banks. Elle y resta jusqu'en 1857.

[223] voir 'The humble address of the lord mayor and alderman of the City of London to his majesty of the peace'. Réponse du roi dans *The Gentleman's magazine* (12 mai 1763), p.249.

de vacance ne leur sont point payés. Les représentations vont quelquefois jusqu'à sept cents livres sterling=seize mille livres tour[nois]. Dans certains benefit on ôte les scènes et l'on bâtit des gradins sur le theatre.

Les formules du royal assentiment sont: 'le Roy le veut' et aussi 'remercie ses bons sujets' ou bien 'le Roy en avisera' et c'est un signe de réprobation. A la com.[édie] on dit '*encore*'.

Une des plus belles enseignes que j'aie vû est celle de Tounshend, alchemist to his majesty, dans Hai Market. Elle est en fer, travaillé[e] avec art et soutenue par deux pyramides de pierre.

L'abbé Leblanc dit dans ses lettres qu'il n'y a point de loi contre ceux qui achetent des voix pour les élections, mais j'ai vû dans le papier un homme cond[amné] à un an de prison avec amande pour pareille brigue.[224]

M. Knowl[es] m'a dit qu'il fallait couper la tête à Milord Anson où à M. Byng, voila pourquoi celui-ci a été mis à mort. D'ailleurs il aimait l'argent. Il voulait se ménager pour faire des prises et s'enrichir. Voilà pourquoi il ne se battit pas.

A la Comédie on crie *encore* en français.

Les bayettes[225] ou flanelles blanches de Colchester sont plus blanches que les nôtres, nos fabriquans de Beauvais seraient fort curieux de savoir comment on les dégraisse et blanchit. La dégraissage se fait avec de la terre glaise, et le blanchissage avec du savon a plusieurs reprises.

Un grand seigneur va passer deux jours chés son voisin, s'il donne douze louis aux domestiques ils ne sont pas contents.

Mle Chudleigh, première dame d'honneur de la princesse de Galles, a donné le 18 may une fête superbe avec feu d'artifices, etc. Elle est entretenue par le Duc de Kingston qui avait Mad La Touche qu'on disait que l'abbé Le Blanc avait emmenée.[226]

La veuve de Milord Ferrers a été a la Cour depuis que son mari a été pendu. Elle [va] se marier a un jeune lord, parent d'Hamilton.

[224] Jean-Bernard Le Blanc, abbé (1706-1781). *Lettres sur les Français et sur les Anglais* (1745); seconde édition (Amsterdam 1751), tome 2, p.29.

[225] terme vieilli. On fabriquait à Colchester de la 'baize', un tissu de laine. Le terme a changé de sens dans la langue moderne.

[226] Elizabeth Chudleigh (?-?); dame d'honneur de la princesse Augusta, princesse de Galles. Le Duc de Kingston enleva, en effet, madame de La Touche. L'abbé Le Blanc suivit le duc et sa maîtresse en Angleterre, et y séjourna dix-huit mois, de 1737 à 1738.

Il y a plus de rapport entre les mœurs de France et celles d'Ecosse que d'Angleterre, on fait embrasser les femmes à un étranger arrivant, etc.

Le cabaretier de Canterburi qui s'était fait donner quarante louis pour le déjeuner de M. de Nivernais était abandonné par les Anglais, il a été obligé de venir lui faire des excuses et le prier d'y repasser, disant qu'il était soû[l]

Madame de Boufflers m'a assuré qu'elle faisait les milles en cinq minutes dans son voyage de Bath et de Bristol.

JOURNAUX

Dayly Advertiser Public Ledger Gazetteer and London Daily Advertiser	matin

Public Advertiser
London Chronicle or Universal Evening Post
The London Gazette published by authority
Lloyd's Evening Post and British Chronicle in 4
St. James' Chronicle or British Evening Post. Baldwin White Friars Str[eet]
Political Controversy or Weekly Magazine (lundi)
North Briton (samedi)
Monthly Review, Becket in the Strand
Notes of the House of Commons
The whole proceedings on the King's Commission of the Peace (criminels).
à la tête du Gentleman Magazine
J'ai vu en 1766 le Say's Craftsman, qui paraît chaque semaine.
The Beauties of Shakespeare by W. Dodd, deux volumes, 1757 Waller opp. Fetter Lane St[reet]

Kent's Directory, adresse de tous les march[ands][227]

Atalantis, a famous book written about that time by a woman; full of court and party scandale; and in a loose (lascif) effeminacy of stile and sentiment, which well suited the debauched taste of the better vulgar. Pope note on v[erse] 165, troisième canto of *The Rape of the Lock*.[228]

[227] *Kent's directory*: commencé en 1738 sous le titre de *Directory pour l'année 1738 et contenant les noms et lieux de résidence de personnes dans les affaires*; continué d'abord sous le titre de *Kent's directory* (1764-1810), puis sous le titre de *Kent's original London directory* (1814-1827).

[228] 'As long as Atalantis shall be read, Or the small pillow grace a lady's bed, [. . .] So long my honour, name, and praise shall live!' Pope, *Rape of the lock*, troisième canto, l.165 (London 1969), p.28.

A Plan of the English Commerce by Rivington at the Bible and Crown at St. Paul Church Yard 1728.

Q[uart] de cercle de Bird, huit pieds de rayon. Trois cent cinquante liv st et dix de dépenses= huit mille deux cent soixante-dix [livres].

Objectifs de dix-huit pieds chés Dollond, un sh et demi le pied. Objective achromatique de deux pieds, une gui[née] et la lunette montée, deux guinées.

Chaîne de montre fort jolie dorée de six shelings, Henry Nettleshipp, Cheapside near Honey Lane; chaîne émaillée pour dix-huit shellings. Chaîne de trois couleurs, treize sh[illings] à Moorfield's chez M. — que M. Lescalier m'a adressé. Tout le monde en a demandé chés M. Déon quand j'ai fait voir la mienne.

Le Logement de M. Camus dans Suffolk, trois pièces en [bas] et une en haut pour le domestique, deux guinées et demie par semaine.

Les douze sacs de charbon qui font trente-six boisseaux et un chaldron font la charge d'une voiture à quatre chevaux. Boisseau 17[?]4[?] [?]7 9[?]

On le mesure comble.

Les jeux de cinquante-deux cartes coûtent dix-huit pences.

Une table de trois pieds de diamétre de magaho[mahogany?] qui se dresse. . . .

Le vin de Bourgogne revient à deux sh et demi de voiture et de droits suivant M. Lescalier. Il le vendait sept et demi. On le vend dix dans les tavernes. Il paye dix-sept liv[res] st[erling] d'entrée par barrique de deux cent cinquante bouteilles, trente-et un [pence?] la bouteille. Celui de port environ cinq livres sterling.

Pinte de bière qui coûte un demi sol, un [sol] et trois-quarts, ou deux suivant la qualité a trois pouces et trois un quart de diamètre, et trois et demi de hauteur.

L'arpent de cent perches quarrées de dix-huit pieds fait trente-six mille huit cent soixante-quatre pieds anglais.

Celui dont les perches sont de vingt-deux pieds = [?] et l'acre anglais, quarante-trois mille cinq cent soixante plus petit d'un cinquième= [?]

The Gaseteer and London dealy advertiser se publie tous les jours et se tire a 4000. C'est le papier le plus estimé. M. Vaillant est un des 20 propriét[aires]. Ils font tous les fonds et les avances, on le vend à leur profit, ils payent l'imprimeur si on le met a Newgate ou a Kingsbench pour avoir écrit trop personnellement contre les ministres.

M. Vaillant a une maison de 40 li. ster [ling] de loyer, il paye 35 shell-[ings] pour les fenêtres independ [antes] du propriétaire qui paye 1/5 de son revenu pour la taxe. Cette taxe varie parce qu'elle dépend des déclarations qui furent faites lors de l'établiss[ement] de la taxe.

Toutes les maisons sont marquées du No. de l'assurance pour le feu, et de celui pour les meubles.

On paye 25 pounds de pension chés un petit particulier comme M. Cole. On se fournit de lumière blanchissage &c.=570. 20 li. auprès de l'école du Christ.

M. Camus paye 18 shell. par semaine a un domestique.

Mr de la Condamine 12 livres st. par moi ou 3 liv par sem[aine] pour un carrosse de remise.

M. de la Cond[amine] avec un courrier a loüé un petit vaisseau pour 3 loüis a Calais qui a été beaucoup plus vite que le paquebot, mais il a fallu un loüis pour la barque.

Treatise of Commerce by Joshua Child[229]

Gee on trade, fort estimé

a political Survey of england by Campbell, sous presse[230]

husbandry, ouvrage sur l'econ[omie] rustique chês owen près temple-bar.[231]

Court and City register. 2 sh. S'imprime chaque année, et contient le détail de l'armée, de la cour, de la marine, du parlement, les gages de chaque personne.[232]

hudson flora anglicana 8° 1762 – tiré du varii sinopsis, et de Linnaeus[233]

A Collection of the parliamentary debates from the year 1668 to the present time. Vol. 19. pour 1740.[234]

A new universal etymological english dictionary, Bailey, Scott, (by Osborn 1755)[235]

[229] sir Josiah Child, *A new discourse of trade*, fifth ed. (Glasgow 1751).

[230] voir note 79.

[231] *A collection for improvement of husbandry and trade*, ed. par J. Houghton (London 1692-1703); seconde éd. (London 1727).

[232] *Court and City kalendar: or gentleman's register for England, Scotland, Ireland, and America* (London 1745-1769).

[233] William Hudson, *Flora Anglica, exhibens plantas per regnum Angliae sponte crescentes*, etc. (London 1762).

[234] 21 vols (Dublin, London 1741-1742).

[235] première édition (London 1721); plusieurs rééditions.

The parliamentary or Constitutional history of england. 8°. 24 volumes 2de edition 1762. millar[236]

a Compleat Guide &c. les adresses de tous les marchands, et les departs de tous les stages Coaches.[237]

Si les Guinées sont égales aux louis le pair du change est 31½. Le change est ordinairement prés du pair, il a été a 29½ pendant la guerre, il est act[uellement] a 32¼ parce que les fonds publics en france ont pris du Crédit et que les anglois y envoient beaucoup d'argent, et comme le change perd 2½ pour cent et que le transport de l'argent a paris ne coute que 1 pour cent, il y a de l'avantage a en envoyer. on envoye des pièces de Portugal, car les guinées sont contrabande et félonie.

fifty collectors of excise at 250 l. year ——	12 500
50 supervisors at 100 l ——	15 000
4 000 excisemen at 50 l. ——	200 000
	227 500

which at 3 l. percent is a sum sufficient to discharge the interest of 7. millions 400 mille liv.

Supplies for 1763. 10 mill.[ions] st=230. mill[ions] London Chronicle 30 avril 1763

Of the measures of Scotland compared with those of england by James Gray. p.200

essays and obs[ervations] Edinburg 1754. 8° T. I.

the scotch foot is 12 1/15 english inches

	troy grains
the troy ounce being equal to ——	480
the scotch ounce is equal to ——	476
the averdupois ounce is ——	437½

by an accurate comparison of standard wights made at London the averdupois pound was found equal to 7 000 troy grains (phil. trans. No. 470)

le pied anglais etait au pied de France :: 15: 16

le pouce cube anglois est au nôtre :: 3375: [?]

c'est $\frac{1}{5\frac{1}{2}}$ qu'il faut oter des pouces angl pour les convertir en pouces

[236] première édition, 24 vols (London 1751-1761).

[237] *A compleat guide to all persons who have any trade or concern with the City of London*, etc. (London 1740-1783).

françois. ainsi le gallon de vin de 231 p[int] contient $190\,\frac{1385}{4096} = 13\,\frac{23}{24}$ pints de Paris

le bushel contient 1794, 1 pouces de France

La livre de troy est a la livre averdupoise :: 9 : [?]

:: 5760 gr. est a 7000. et a :: 5760: 75 [?]

la livre de troy se divise en 12 onces, l'averdupoise 16 onces.

175 grains troy font 192 ounces averdupoise.

175 pound troy font 144 pound averdupoise.

Gr ? $\frac{175.^{12}}{} : \frac{144.^{16}}{16}$ :: 175: 192 :: 175: $\frac{4}{3}$. 144

Suiv.[ant] invi[?] les guinées pesant 157,79 et les loüis [?]

diff[?] 4 gn. 2=19 s. 1 d. 2 vérifié et exact.

[2 lignes illisibles]

Louth, a short introduction to english grammar, millar in the strand, dodsley in pall mall 1762 il promet une nouv. edition (correct)

Humes, history of england 6 vol. 4°. depuis jules cesar jusqu'a guill. 3[238]

new experiments and observations, Franklin, the third ed. 1760. 4° (henry and th. cave at S. john's gate. 2s 6d. il y a une refut. de l'abbé nolet)[239]

The great charter, and charter of the forest, with other authent. instrumens and introduction. by W. Blackstone esq. Oxford at the clarendon press. 1759. 4°. (correct)

Locke works. 3 vol. fol. 1759[240]

Francis Bacon works 1753. 3 vol. fol. par m. mallet[241]

a treatise of algebra, maclaurin, 8° 2de. ed. 1756. Nourse.[242]

an introduction to natural philos. Keith 5e. ed. 8° 1758.

the method of fluxions, with the demonstr. of m. Cotes' forms of fluents in 2. [d] part of his trigonometria, by nicholas Sanaderson [Saunderson] London 1756: 8° millar in the Strand. (correct)

[238] David Hume (1711-1776), *The History of England, from the invasion of Julius Caesar to the revolution in 1688 . . . a new edition, corrected.* 6 vols (London 1762).

[239] Benjamin Franklin (1706-1790), *New experiments and observations on electricity* 3ème éd. (London 1760).

[240] *The Works of John Locke*, etc. *Sixth edition. To which is added the life of the author*, publié par M. Desmaizeaux (London 1759).

[241] *The Works of Francis Bacon . . . To which is prefixed a new life of the author by M. Mallet*, seconde éd., 3 vols (London 1753).

[242] Colin MacLaurin, *A treatise on algebra* (London 1748).

Tables of antient coins, w[e]ights, and measures, by john arbuthnot. 1754. 4° (Browne without templebar, millar in the Strand. 2e. edit. molini. edition de 1747. grand in 4° 18 sh. (correct)
a la fin de cet ouvrage on trouve une table des mesures modernes.

the following weight are from *asensch*[?] given in troy grains
strasbourg ounce 454 3/4
Strasb. pound of 16 ounces 7276
norimberg ounce 491 7/8
norimberg pound of 16 ounce 7870
Paris medicinal pound of 12 onces 5670
the medicinal ounce in Germany 560 2/3
the carat for weighing diamonds 151 3/10

Table of the gold and silver weights of Several Countries from *greaves* given in troy grains english.

Roman ounce	438
Roman pound of 12 ounces	5256
Spanish ounce	443½
Spanish pound of 16 onces	7090
Venetian ounce	460 2/3
Venetian pounds of 12 ounces	5528
Neapolitan ounce	412½
	grains
neapol. pound of 12 ounces	4950
ounce at florence pisa et leghorn	440½
their pound of 12 ounces	5286
the ounce at genoa	405½
the dutch ounce	570
	&c

9216 grains of french weights=pound=v. la page preced.
1p. 3ou. 15 pwt. O gr. reduc'd to troy weights
il y a 20 pwt dans l'once, et 24 grains dans le pwt.
donc. la liv. avoirdup.=14 on. 6 gr. 1 sor. 13 gr. 1/3
=4533 1/3 grains troy
=12 on. 1 gr. 1 sc. 13 g. 8
=7021, 68 grains

paris chopine = 1. pint
pint = 2 pints

sentier = 2 gallons
muid = 1 1/7 hogshead, vin, biere, cid[re]
paris boisseau=78534 solid inches=1 4/9
peck nearly, (blé farine)
the arpente or french acre=55206 square english feet=1¼ english acre

fraighting of ships by a Tun is meant 2 000 weight, there being reckoned 112 pound to the hundred (averdupoise) il y a dans le même livre une table des monoyes de toute l'europe

english square measures

inches					
144	feet				
1296	9	yards			
3600	25	2 7/9	paces		
39204	272 1/4	30 1/4	10,82	poles	
1568160	10890	1210	435,6	40	Rood
6272640	43560	4840	1743,6	160	4

english measures of capacity
wine measure

solid inches									
28 7/8	pint								
231	8	gallon	peu usité						
4158	144	18	Rundlet	usité					
7276 1/2	252	31 1/2	1 3/4	Barrel	peu usité	usité	usité		
9702	336	42	2 1/3	1 1/3	tierce				
14553	504	63	3 1/2	2	1 1/2	hogs head			
19279	672	84	4 2/3	2 2/3	2	1 1/3	pun chion		
29106	1008	126	7	4	3	2	1 1/2	Butt	
58212	2016	252	14	8	6	4	3	2	Tun

english corn measures are raised from a winchester 272¼ solid inches

inches					
34 1/32	pints				
272 1/4	8	gallon			
544 1/2	16	2	peck		
2178	64	8	4	Bushel	
17424	512	64	32	8	quarter = 21½ boisseaux
17208					II (de (Paris)
	dans mon [illisible]				

Sur le commerce d'Angleterre

The penny loaf or two half penny loaves			
to weigh, wheaten, blanc	o lb.	12 oz.	1 dr.
household, de menage	1	0	6
wheaten	1	8	3
the two penny loaf			
{ household	2	0	11
{ wheaten	2	4	4
the three penny loaf,			
household	3	1	4
the peck loaf to weigh 17 lb. 6 oz. o dr.	{ 1s	11d	of
	{ 1	5	0
the half peck loaf 8 11 o	0	11	12
	0	8	2
the quarter loaf 4 5 8	0	5	3
	0	4	1

Sixteen drams make an ounce, and sixteen ounces a pound
The price of salt, set by order of the Court of lord mayor and aldermen dated the 21st. of octob. 1735. is two shillings the bushel, 56 lb. to the bushel

Ceci est tiré d'un papier qui se donne tous les mardis aux parish clerks ou se trouvent le nombre des naissances et des morts dans chaque paroisse, et, *diseases and casualities*, ou des morts de chaque maladie, abortive, aged, apoplexy &c. The london chronicle or universal evening pap[er] from tuesday 22 to thursday 24 mars 1763

Price of corn

wheat red, blé rouge	30^{s} a 32 shelling le quarter
ditto white, blé blanc	30 a 32
Rye, segle	26 a 27
Barley, orge	22 25
Oats, avoine	16 a 21

le pain la bière coutent moins qu'a paris. Dans les endroits ou l'on dine pour 3 s[ols] le Couteau est attaché à la table et l'on descend un a un par une echelle pour payer exactement.

Le yard d'angleterre est de 3 pi. anglais le pied anglois est $\frac{15}{16}$ de celui de paris, 11 p.[ied] 3 in 162

0/20 [?] verges font 16 aunes de paris

100 onces d'or de portugal pesées a londres en font $101\frac{1}{2}$ a paris suiv.[ant] m. mavit

l'or en espece, Gold in Coin, de portugal vaut en mars 1763. 4 li 0 s. 9 d. l'once

silver in Bars Standart, Argent fin 5 sh. 6 d. 3/4 en janvier il etoit a 5 s. 5 d. 3/4

Course of the exchange on the 18 mars 1763 1 day's date — 32 1/8, suivant un petit billet qui s'imprime de jours a autre
Les 3 per ct. Bank se vendent 96.
ils etoient descendus pendant la guerre a $61\frac{1}{2}$ de 103 ou ils etoient avant la guerre.
Le gallon de vin et de biere contient 4 pints de paris, un tonneau de 36 gallons de strong biere coute 27 ou 28 shill. la small bire 10 à 12

Le quarter of *Corn* vaut 30 sh. il contient 8. bushel ou boisseaux, ou 17 203 pouces cubes anglois

price of bread, the quartern loaf, wheaten 5d.$\frac{1}{2}$, household 4d.

Christened males 170, females 133 in all 303
Buried males 277 females 275 in all 552

Le quartier suiv. m. l'escalier contient 2 sacs
le sac 4 boisseaux, le boi[sseau] 4 pecks.

dans le negotiator's magasine p.359 il est dit que 19 setiers font $10\frac{1}{4}$ quarters de London ainsi ils sont :: 76 : 41 ainsi le setier pesant 246 liv. le quarter en pese 456. le sac 228 le boisseau 60, le peck 15 livres ainsi il coute $1\frac{1}{2}$d. la livre de france

4 pouces de coté 3 pouces de diam[ètre] sup 1 3/4 diam. infer	} peinte de lait de 1 pence
2p. 3li. $\frac{1}{2}$ diam. inf. 4. 8 coté 3. 0 diam. sup.	} autre pinte

112^{ll} pesant en angleterre fait 104 en france

La voiture Chaldron de charbon de terre composée de 736 bushel ou boisseau coute 40 sh. en hyver, 36 en été, un boisseau peu servir 2 ou 3 jours
700 mille chaldron par an a Londres

Une chambre dans la cité au 1er coute 7 shelings par semaine, mais on en trouve aussi a 1 sol par jour, comme on trouve a diner pour 3 sols

Stone of meat, est d'environ 14 li. et coute au moins 20 pence ce qui revient à la livre de france; le veau vaut quelque 5 à 6 pence la livre, il y a aussi de la viande a 1½ pence pour les pauvres

Le Rum ou eau de vie de sucre vaut de 9 a 12 sh. le gallon, le ponchon [puncheon] de vin contient 84 gallons de 231 pt[?] anglois chacun
le Brandi ou eau de vie de france 10 à 12
le Arach ou eau de v. de palmier des indes 12 à 16
le giim [gin] ou eau de v. de grains du nord 7 à 8

il y a en angleterre en mars 1763 28 mille prisonniers francois, il en est mort peut-être 25 mille; les rhumes surtout leur ont été funestes.

La charrée de foin contient 36 bottes de 50 livres chacune et vaut 50 sh. à 3 li.
La paille 23 à 24 shill.
Le drap vaut 17 à 18 sh. l'yard, 4½ font un habit complet, le noir d'angleterre ne vaut rien, mais le bleu est très bon.
Les souliers 8 sh. ou 6½ suivant leur forme
les bas de soye 13 à 14
les bas de laine 5 à 6
un cheval de loüage de 3 à 5 sh. parjour
un carrosse de remise 10 sh. ou 13
une livre de chandeles 7 pence
Le caffe mocat 5 à 6 shellings,
Caffe de la Jamaïque 2 à 3 en contrebande
le thé bon, de 5 à 15 sh. le thé verd de 8 à 21.
le chocolat de 4 à 6 sh. la livre.
la livre de sucre 8 à 9 pence

M. de Nivernois qui a 50 domestiques sans compter les secretaires, depense 20 mille livres par mois, pour la table et les gages. Sa maison coute 20 mille livres de loyer toute garnie.

Mad. Steele, Bel alley colman street demande 18 sh. par semaine pour la chambre et le manger

The british merchant computes the value of labour to that of the land in england to be as 7 : 2. he supposes the people in england to be 7 millions, and each man at a medium to expend 7 pounds each, which makes the whole annual consumption of england 49 millions, 45 millions of which he supposes to be our own product, 4 mill.[ions] foreign commodities; and the rents of the lands he makes 14 millions.

M. Bielfeld instit.[utions] polit. 1760. p.508 estime la grande bretagne 8 millions. Le portugal et l'esp[agne] 10. l'italie 8. l'allemagne Suisse et p.[ays] bas 30. le da.[nemark] sue.[de] nor.[vège] 6. la Russie 18, Turquie d'env.[iron] 50. sans doute 20 en france. Total de l'europe 150. l'asie 500. l'afr. 150 l'am. 150 total 9[50] v. Riccioli, Specht, sus Milch.

62 shillings are cut out of a pound troy of silver (an essay upon money p.54)
44½ guineas, cut out of a pound troy

62 pence or 5 s. 2 d. is said to be the mint price of silver 3 l. 17 s.
10½ the ounce is mint price of gold
the silver to be 11 oz dwts fine
the gold 11 oz or 22 car.[ats] fine

montre a repet.[ition] de Ellicot 70 louis a m. de Nivernois

boisseau de charbon 1 sh. et 1 pence en debit on en brule 60 a une cheminée ordinaire
il y a des temps ou il coute le double car il n'y a point de police a cet egard

La brique coute 2 shelings le cent, elle a 8 pouces ou 8½ de long. epaisseur 2¼ ou 2 8/ll d'epaisseur, 3 2/3 de largeur. on en fait sur le chemin d'hamstead de la il suit que le pied cube vaut 9 sols et 894 milliemes a peu prés dix sols

ma valise m'a couté 16 shellings le 24 may

huitres vertes 144 pour 3 sh.½

Les visites du docteur pringle et des plus habiles medecins comme mead [?] sont de 24 sh. chacune
on croit que m. pringle gagne 5 mille liv. sterling tous les ans.

Une tasse de caffé, petite, 3 pences=6 s. a lon[dres]
on ne peut avoir un serv. chés soi à moins de 14 shell. ou 16ᴴ par mo[is]
m. frisquett n'a jamais voulu a moins il donne 8 sh. par semaine a son garçon.

J'ai rencontré en quelques endroits des pompes sur le grand chemin, avec des tasses pendues

le bridge street nouvelle rue a 50 pieds de large y compris les trotoirs

le passage de douvre a calais est generalement plus court que celui de calais a douvre a cause de la marée, le premier se fait quelqu[efois] en 2 h.½.

Art of poetry, Bishe, 8°. C'est un recueil des plus beaux passages des poetes anglois.

il y a des monoyes d'or de portugal de 4½ 6 sh. 9[d.] 13 sh. 6 d.. 9 sh.. 18 sh.. 1 liv. 7 sh. 1 li. 16 sh.. 3 liv. 12 sh.

Hay market a 80 pieds de large, y compris les trotoirs . . . bridge street 50 dont 12 pour les trotoirs
on batit encore visavis maribone, dans berkley square, oxford Rode, depuis 6 ans il s'est fait 20 rues aux environs de cavendish square

On mange fort bien et ce qu'on veut à la pomme de pin près de ponce coffée house, pour 1 shelling. m. de la Cond[amine] y a mangé le jour de la trinité

on donne 3 sh[illings] par semaine pour mettre un cheval au verd

Les cartes de mad. Roque ne coutent pas plus a Paris qu'a Londres parce que elle fait des échanges avec Julien, le rouge, 5 shelins pièce les plans qui sont sur la meme echelle. des envir[ons] de Londres et de Paris, 2½ ceux de la ville de londres, de paris, et de rome

le flint Glass 2 shs.½ la livre

La rue S. Jean auprés de Smithfield est pleine de maisons de bois, maisons en ruine, old street n'est pas pavée.

Le pont de West. n'a que 1 000. pieds de gardefous, le reste est de culée. dans bridge street Westminster on a fait mettre toutes les enseignes contre les murs.

[les] giroüettes portent 4 bras pour orienter [le] spectateur.

[table de conversion des poids, mesures et argent.]

Sur l'assurance ordinaire de 150 mille livres, il y a des accessoires de 50. [?] coute 200 mille liv. m. de Guerchy y met encore du sien, et il n'a pas de mois que sa maison ne luy coute 1 700 pièces a ce que m'a dit m. Lescalier le 9 mars 1765.

M. déon fils d'un subdelegué et [est] élû. A tonnerre [il] travailla chés m. de Sauvigny. il y fut con[n]u de m. michel qui était alors précepteur du fils de m. de Sauvigny, fut con[n]u bientôt pour [par le] comte de douglas et envoyé en russie en 1756. Il mena deon, celui cy espadronoit avec le grand duc et cela le fit conoitre des ministres; on le chargea d'app[orter?] le traité.[243] [Le passage reste ambigu. Il est presque illisible dans le ms.]

[table de conversion des mesures et monnaies]

milord maclesfield S. James square a coté de m. pitt.

M. Birch, norfolk street the last house, sa maison est addossée à celle de m. short.

Rothmells coffée house in henrietta street Cov. garden, est celui ou il va avec d'autres gens de lettres.

maskelyne, new bond street near Brook street, the sign of the housemaid

Doctor hill, de la part de m. Kirwan, in s. james street

C. Gouya negociant, in Bennet s. james de la part de m. Sayd

m. Pringle, phisicyan to her majesty pall mall Court, alex. murray

Georges lewis Scott esqr. leicest. field, prec. du prince de galles. de la p. de m. anglois homme de lettres que j'ai vu a Paris

William Watson, in lincoln in fields No. 15

Cole in whit street, facing the back door of S. clement coffée house near the Strand, il a chés lui m. diemar.

Paul lefevre, m. jouaillier dans grafton street proche soho, il est parent de m. le Roy

M. Wilson, painter, great queen street qui donne dans lincoln inn fie[ld] de la part de m. leroy, l'academic.[ien]

Doct. Shebeare, Dean Street, Soho. Il a été au pilori pour les ecrits du tem[ps] contre newcastle, fox, et Hargwik. le peuple instruit — [?] de la p[art] de m. rich. Kirwan

james macdonald, Cavendish Street. The right honourable (frere d'un seigneur conetable d'ecosse)

Charles Boyd to be left at blunt coffée house, charing cross. il faut y aller de midi à une heure. Son pere décapité

J. P. Blaquiere et fils, banquiers, dans austin fryars, trogmorton street, de la p[art] de m. Le Vier, ami de Mad. Conti

M. Mavit et Cazenove, negocians in bury court, st. Mary at the last house, on the right hand. de la part de M. Sayd.

M. Wyche esq. F.r.s. great osm[ond] prés de Betfort house.

[243] il s'agit du Traité de Versailles entre la France et la Russie, de mai 1756.

M le metayer french boarding school. charter house square, at the french academi

M. vouler chés M. Duval, joaillier

georg. hubbard, Kings head, at *dover*. The only house where places are taken in y origin' machine from London.

Preblet at the red Lion, *Canterbury*. The only house where places can be taken from London to Dover

j'ai logé a douvre at the Ship, près de la douanne

m. Peter Simond in bishop gate Street within opposite the pump. Auquel m. Cousin est adressé. une de ses filles a epousé milord S. jean qui est un Bolinbroke.

Vindeat stay maker in long acre near convent Garden.

Baikie Stay maker at Golden head in Orange Street, near leicesterfields

Ms. Pierre et Francois Duval, negociants genevois Trogmorton Street, near Bishop Gate, de la p. de M. Sayd

Brisbane physician to the middlesex hospital, at Mrs Fullarlons S. margarets Street, Cavendish square, near a chapp[e]l, de la p. de m. murray, le matin.

Le doc. Templeman, in the Strand visavis beaufort buildings, près de Covent garden

Peter molini at the Smyrna Cofféе house, in pall mall

m. harrisson watchmaker near Red Lion – orange street

m. Symmer in mount Street, grosvenor, Soho. il est malade a la campagne extenué d'une fievre hectique [et] diarrhée.

Newton demeuroit au Sud ouest de Leicester fields, dans S. martin Street au coin de Long's Court. il y a une espece d'observatoire dans cette maison

M Colinson, Grace Church Street – near the monument, a une maison de camp. a quelques milles au dessus d'islington.

Wadington, three tun Court miles [?] near the monument

M. Watkins, opticien, in charing cross. de la part de m. Sayd.

M george neal a celebrated surgeon mark lane fanchurch Street. il y en a un autre 60 ans old jewry chippside

M. Loten, membre de la Soc. Roy. Edgmare Cons[eiller] des Indes et gouverneur de l'ile de Ceyland

Je saurai son addresse chés Mess. Bearens banquiers dans la cité, Bond Street, near Clifford Street

M. hawkins, a surgeon of the r[oyal] family in pall mall St. near S. james Square

M. Peter Colinson, mercer, at red lyon. grace Kchurch street betwe[e]n the monum[ent]. et Grace church, de l'autre coté (a 5 h. le thé)

M. Gael morris in dyers court, Alderman Bury, il est courtier pour les fonds publics; on le trouve a Batson Coffée visavis la bourse. aldermanbury est la 3e. rue a gauche aprés S. paul, dans cheapside.

M. nadal a m. Regnier, in compton Street. Soho. me menera voir l'yacht a deptfort.

M. dutens dans liesterfields la premiere porte à droite en venant par Coventry

M. Louis dutens, dans liesterfields

M. parsons dans Red lyon Square
M. audley adouarre, South audley Street prés de la maison de mil. chesterfield et de l'ambass. de portugal.

l'ambassadeur de naples, Stanhope street prés de *south audley* Street.

la chap[elle] de bavière. warwick str. Golden square
M. de la Rochette, west Street, la dern-[ière] porte en venant par S. martin's [*illisible*]asie

M. la peyre, chirurgien
Church Street S. anne, Soho at the green door.

Milord Morton, Brook Street a gauche en allant par Bond Street

M. Mallet, georges Street hanover Square oppos.[ite] the Church S. Georges. mart coffée

inoculation house, preparing house to islington, small pox hospital, cool bath, fields, near foundling hospital. chaque souscrivant de 5 gui[nées] par an peut en avoir un continuellement. On donne un imprim[atur]. il y en a 3 500 depuis 20 ans.

La princesse Amélie, et M. Fox Cavendish sq[uare] la princesse est dans une des ailes du duc de Chandos, qui fit banqueroute. Le duc de [Coal?] grosvenor square

M. Lespinas, greek street prés de Queen Street, a gauche en allant a Soho Square.

George Neale surgeon, mark lane fenchurch Street, prés du pont de Londres. Il a traduit les mem[oires] de l'Acad[emie] d[es] chirurgiens.

M. Russel. Salters hall près de Cannon St[reet] son frere demeure dans Warbrough street. il est directeur de la comp[agnie] du levant

M. Johnson, inner Temple lane, la 2e. a [gauche?] templebar a droite, il y a deux libraires en entrant. c'est la porte suivante

Mad. Majandi, Denmark Street prés de S. Giles holles street cavendish Squar

M. Witchel, in halborn, union cort. No. 6. opp. s. andrews. doit faire graver une carte de l'eclipse de 1764.

le duc de newcastle dans Lincoln innfields
Mil. halifax dans Great Georges Street

M. Mountaine maitre de pension dans Southwark. (sur S. aiman)

milord eggleton queen Street may fair

mil charles cavendish. Great Malborough Street hanover Square

Mesdemoiselles tomassé tiennent des pension[naires] pour apprendre le francois, great malborough Street hanover square

Mad. Massé belle sœur de M. Massé peintre a paris, et belle mere de M. Olivier, associé de M. Vanek, broad Street near bedlam hospital

Merlin at m. Sutton goldsmith at the Acorn (gland) in newstreet near conv[ent] garden

Ambass. de Fr[anc]e ches. . . . Milord Winchelsée y habitait cy devant dans Soho

Magenis, Seating lane, near to tower Street

andrew Dury at the indian queen in Duke's Court. S. martin's lane. C'est un francois qui vend de la Geographie, des estampes, qui est en relation avec julien et du Villers.

M. Roestner a Gottingen

Le Comte de Western a Leipsic.

m. Canton Spital Square bishop gate Street.

M Russel walbrough Street – et son frere Salters hall Cannon Street.

M Smollett visavis de S. James church. il va a Bordaux. il a gagné 10 mille loüis par ses ouvrages, et les a dépensé.

M Sisson, Strand at corner of beaufort buil[ding]

M. Fothergill; white hart Court, Grace Church

Dans lincoln in fields, le duc de newcastle, le conseiller morton, milord talbot, l'ambass. de Sardaigne, dont une arcade ouvre dans duke street ou l'on bâtit sa chapelle au bout de laquelle est une immense enseigne Sh[akespeare]

A Paris

m. Valette chés m. le blanc rue S. T[homas] du Louvre, correspon[dant] de Mrs dutens a Londres. chés m. de Mackenzie, hill St. Berkeley Sq.

Bernard m'a fait demander des nouvelles de m. henn [?] et Joseph Guinand in little S. hellens

m. j. H. de Magalhaens, ami du docteur Sanchez en cornhill, chés un mathematical instrument maker

Dr. Bevis Brick Court No. 1. inner temple adressés a M. Ravenhill at the post office

M. Witchell at ye. front house white fryars gate fleet Street.

M. Richardson impr. demeurait dans Salisbury Court fleet Street

m. hauksbée mort en 1762 était avant m dacosta bibliotecaire de la soc[iété] roy[a]le il etait vieux et ne prenoit aucun soin des livres[244]

m. Conduit avoit epousé mle. Barton niece de newton, morte en 1739. ils avoient une fille qui est morte aussi

le grand me. de malte a environ 500 mille liv. de rente; il y a une fond. pour 4 vaiss. et 4 galeres. l'ilse a 20. li. de tour. le grand me. en est Souverain

le 2 juin je vis examiner au Comité de la Societe des arts une machine qui peut avertir le maitre d'un incendie dans une chambre quelconque

m. peronnau peintre m'a dit que pour aller a Roterdam par Bruxelles et Anvers il m'en couteroit 6 louis.

m. lescalier peintre. rue S. martin, visavis la prison S. martin, chés des moulin trail[?] a paris

m louis Dutens chés m. de mackenzie, hill Street, Berkeley Square, London

H. de Magalhaens at No. 98 wood street, cheapside, London.

Fleet street No. 188

[244] Hawksbee, Francis (1687-1763), F.R.S.; bibliothécaire de la Royal Society depuis 1723.

on imprime en 1772 une nouv. édition des recherches sur l'origine des decouvertes attribuées aux mode[rnes].[245]

Theatrical records or an account of english dramatic authors – in 12 – chès Dodsley

history of the english stage of his age par Colley Cibber. on y a mis le même catalogue.[246]

catalogue des livres imprimés depuis 1700 jusqu'à 1763 avec les prix. Molini l'a

En 1746 on écrit qu'on a bâti 27 000 maisons nouvelles depuis 14 ans.

Traduction du Plutarque Anglois T. 8 Mai 1746, au bureau du théatre anglois, rue S. Appoline No. 5[247]

[Table de conversion de monnaie]

Nombre de morts année commune, sur 40 and 19040 a Paris; et 25778 a Londres (naissances 309[?] Si donc il y a 576 mille habitans a Paris, il y en a 700 [ou 780] a Londres.

Declin[aison] de l'aiman 19°. 32' au milieu de 1762. p.20. v. W Cosiard [?], hist. of Astro. au sujet de la variation

[Table des matières, assez incomplète]

[245] Louis Dutens, *Recherches sur l'origine des découvertes attribuées aux modernes* (Paris 1766).

[246] *The History of the stage . . . together with the theatrical life of Mr. Colley Cibber* (London 1742).

[247] *The British Plutarch, containing the lives of the most eminent statesmen, patriots, divines* [. . .] *of Great Britain and Ireland from the accession of Henry VIII to the present time*, seconde éd., 6 vols (London 1776). *Traduction du Plutarch Anglois*, etc. par C. Wouters, 12 tomes (Paris 1785-1786).

Index

Congreve, William, 27
Conti, mme, 103